高等教育计算机学科"应用型"教材

江苏省一流专业教育技术学系列教材

计算机网络技术

朱守业　著

电子工业出版社

Publishing House of Electronics Industry

北京·BEIJING

内 容 简 介

本书系统地介绍了计算机网络技术的基本知识、原理以及网络规划、组网和网络管理方法，包括计算机网络概述、数据通信基础、计算机网络体系结构、网络传输设备、交换和路由技术、网络服务、无线局域网、IPv6 技术、网络安全，同时精心设计了 18 个实验。本书在注重基本概念和原理的基础上，以提高实践能力为目标，淡化网络体系结构的层的概念，突出核心知识点和技术，内容精练，重点突出，实用性强，包含网络规划、组网、网络管理和维护的核心内容。第 1～9 章配有形式多样的习题，并提供了部分习题的参考答案。

本书可作为高等学校理工类专业计算机网络及工程相关课程的教材，也可作为计算机网络培训机构和网络管理人员的参考书。

图书在版编目（CIP）数据

计算机网络技术 / 朱守业著. —北京：电子工业出版社，2021.5
高等教育计算机学科"应用型"教材

ISBN 978-7-121-41182-3

Ⅰ. ①计… Ⅱ. ①朱… Ⅲ. ①计算机网络－高等学校－教材 Ⅳ. ①TP393

中国版本图书馆 CIP 数据核字（2021）第 093775 号

责任编辑：刘　芳　　　　　　特约编辑：田学清
印　　刷：三河市良远印务有限公司
装　　订：三河市良远印务有限公司
出版发行：电子工业出版社
　　　　　北京市海淀区万寿路 173 信箱　　　邮编：100036
开　　本：787×1092　　1/16　　印张：15.5　　字数：330 千字
版　　次：2021 年 5 月第 1 版
印　　次：2021 年 5 月第 1 次印刷
定　　价：58.00 元

凡所购买电子工业出版社图书有缺损问题，请向购买书店调换。若书店售缺，请与本社发行部联系，联系及邮购电话：（010）88254888，88258888。
质量投诉请发邮件至 zlts@phei.com.cn，盗版侵权举报请发邮件到 dbqq@phei.com.cn。
本书咨询联系方式：（010）88254507，liufang@phei.com.cn。

前　言

随着信息技术的发展，计算机网络已成为人们工作、学习和生活中不可缺少的工具，也是很多理工类专业学生的必修课。计算机网络的基本知识、原理、组网和网络管理已成为理工类专业学生必须掌握的知识和技能，对学生就业和工作起到非常大的支撑作用。

本书基于作者多年教学和实践经验进行编写，既注重基本概念和原理，又强调实用性，核心内容以网络规划、组网、网络管理和维护为知识导向进行编排，淡化网络体系结构的层的概念，以帮助读者学习核心知识和技术，提高学习效率。

全书共 10 章，具体内容如下。

第 1 章介绍计算机网络的起源、发展阶段和系统组成，以及计算机网络的分类和拓扑结构。

第 2 章介绍数据通信的基础知识，并介绍双绞线、同轴电缆和光纤的构成和特点，以及数据通信的主要指标。

第 3 章介绍计算机网络体系结构，包括网络协议、OSI 参考模型、TCP/IP 协议、TCP/IP 协议的数据封装过程、IPv4 地址表示方法、MAC 地址表示方法、查看 IP 地址和 MAC 地址的方法、MAC 帧发送过程、MAC 帧数据报结构、IPv4 地址分类、IP 组播、子网划分与子网掩码、采用网络前缀法表示子网掩码、私有 IP 地址。

第 4 章介绍网络传输设备，包括中继器、集线器、网桥、交换机、路由器、使用超级终端配置交换机和路由器、网关。

第 5 章介绍交换和路由技术，包括局域网的特性、LLC 和 MAC 子层、CSMA/CD 协议、以太网的层次设计、VLAN、路由技术、自治系统、RIP 路由协议、OSPF 路由协议、BGP 路由协议、不同 VLAN 间的成员通信。

第 6 章介绍网络服务，包括 DNS 服务、DHCP 服务、NAT 服务、VPN 服务。

第 7 章介绍无线局域网，包括 WLAN 协议标准、CSMA/CA 协议、WLAN 组网模式、SSID 和 BSSID、WLAN 认证方式、WLAN 组网。

第 8 章介绍 IPv6 技术，包括 IPv6 地址表示方法、IPv6 地址类型、IPv6 数据报结构、IPv6 地址配置协议、IPv6 路由协议、IPv6 过渡技术、IPv6 的优势和特点。

第 9 章介绍计算机网络安全的相关知识，包括网络安全的概念、网络安全的实现层次、计算机病毒、DoS 攻击、防火墙、配置 ACL。

第 10 章提供 18 个网络实验，内容涉及制作双绞线、单交换机配置 VLAN、跨交换机配置 VLAN、静态路由配置、RIP 路由协议配置、OSPF 路由协议配置、BGP 路由协议配置、多路由协议配置、不同 VLAN 间的成员通信、DNS 配置、使用路由器实现 DHCP 服务、使用三层交换机实现 DHCP 服务、使用服务器实现 DHCP 服务、使用 NAT 实现内网主机访问 Internet、使用 NAT 实现 Internet 主机访问内网、IPSec VPN 配置、Easy VPN 配置、WLAN 组网。

全书内容精练，重点突出，实用性强，除第 10 章外，其余各章均配有形式多样的习题，并提供了部分习题的参考答案，方便读者巩固所学知识。

本书还提供了作者精心设计的电子课件，方便教师教学使用。

由于作者水平有限，书中难免有不足或疏漏之处，欢迎同行和广大读者对本书提出批评和指正。

作　者

2021 年 3 月

目　　录

第 **1** 章

计算机网络概述

计算机网络是指将地理位置不同且功能相对独立的多个计算机系统通过通信线路相互连接在一起，由专门的网络操作系统进行管理，以实现资源共享的系统集合。

Internet 被称为互联网或因特网，是全球范围内的网络与网络之间连接形成的庞大网络，这些网络以一组通用的协议相连，形成逻辑上单一且巨大的全球化网络。

Intranet 被称为企业内部网，也被称为内部网、内联网、内网，是 Internet 技术在企业内部的应用。它建立在一个企业或组织的内部并为其成员提供信息的共享和交流等服务。

1.1　计算机网络的起源

计算机网络起源于 1969 年美国国防部研究计划署的 ARPAnet（阿帕网），最初的 ARPAnet 主要用于军事研究，其指导思想是：网络必须经得起故障的考验，以维持正常的工作，当发生战争，网络的某一部分因遭受攻击而失去工作能力时，网络的其他部分应能维持正常的通信工作。

最初的 ARPAnet 由西海岸的 4 个节点构成，如图 1-1 所示。第一个节点选在加州大学洛杉矶分校；第二个节点选在斯坦福研究所（现为斯坦福国际咨询研究所），那里有道格拉斯·恩格巴特等一批网络的先驱人物；加州大学圣巴巴拉分校和犹他大学分别被选为第三、第四个节点。第一个节点（加州大学洛杉矶分校）与第二个节点（斯坦福研究所）的连接，实现了分组交换网络的远程通信，是 Internet 正式诞生的标志。

图 1-1　最初 ARPAnet 的构成

ARPAnet 在技术上的重大贡献是 TCP/IP 协议簇的开发和利用。作为 Internet 的早期骨干网，ARPAnet 奠定了 Internet 存在和发展的基础，较好地解决了异种机网络互联的一系列理论和技术问题。

1.2 计算机网络的发展阶段

计算机网络经历了四个发展阶段：面向终端的计算机网络阶段、多计算机互连阶段、标准/开放的第三代计算机网络阶段、高速智能的第四代计算机网络阶段。

1．面向终端的计算机网络阶段

面向终端的计算机网络阶段的特点是由一台中央主计算机连接大量的地理上处于分散位置的终端，如图 1-2 所示。这类简单的"终端－通信线路－计算机"系统，形成了计算机网络的雏形。这样的系统除一台中央主计算机外，其余的终端设备都不具备自主处理的功能。

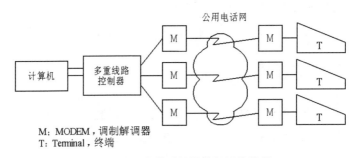

图 1-2　面向终端的计算机网络阶段

2．多计算机互连阶段

多计算机互连阶段开创了"计算机－计算机"通信的时代，呈现出多处理中心的特点，如图 1-3 所示。该阶段的缺点是各个公司推出的网络体系结构和相应的软、硬件产品没有统一的网络体系结构，难以实现互连。

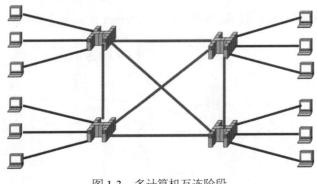

图 1-3　多计算机互连阶段

3．标准/开放的第三代计算机网络阶段

标准/开放的第三代计算机网络出现在 20 世纪 80 年代，特征是网络体系结构的形成和网络协议的标准化。

按照 ISO 提出的 OSI（Open System Interconnection，开放系统互连）参考模型构建的第三代计算机网络是计算机网络的"成熟"阶段，主要特点如下。

- 网络体系结构的形成和网络协议的标准化。
- 建立全网统一的通信规则。
- TCP/IP 协议的推广推动了计算机网络的高速发展。
- 计算机网络对用户提供透明服务。

4．高速智能的第四代计算机网络阶段

高速智能的第四代计算机网络出现在 20 世纪 90 年代，Internet、高速通信网络技术、接入网、网络和信息安全技术得到了极大发展。

1.3　计算机网络系统的组成

从计算机网络拓扑结构上看，计算机网络系统由网络节点和通信链路组成。

1．网络节点

网络节点是指拥有唯一网络地址的设备，如服务器、终端设备、交换机、路由器等。网络节点分为访问节点、转接节点和混合节点。

访问节点又被称为端节点，是指拥有计算机资源的用户设备，主要起信源和信宿的作用。常见的访问节点有用户主机和终端。

转接节点又被称为中间节点，是指在网络通信中起数据交换和转接作用的网络设备，如交换机、路由器等。

混合节点又被称为全功能节点，是指既可以作为访问节点又可以作为转接节点的网络设备，如服务器等。

2．通信链路

通信链路是指两个网络节点之间传输数据的线路。链路可用各种传输介质实现，如双绞线、同轴电缆、光缆、卫星、微波等。

通信链路分为物理链路和逻辑链路。物理链路是指点到点的物理线路，没有任何交换节点。逻辑链路是指在逻辑上起作用的物理链路，具有传输控制能力。在物理链路上加上用于数据传输控制的硬件和软件，就构成了逻辑链路。

从逻辑功能上看，通信链路由通信子网和资源子网构成，如图 1-4 所示。

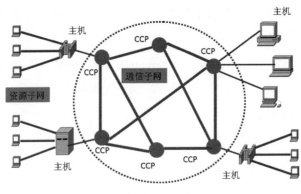

图 1-4　通信链路的结构

（1）通信子网。通信子网为资源子网提供传输、交换数据信息的能力。通信子网主要由通信控制处理机（Communication Control Processor，CCP）、通信链路及其他设备（如调制解调器等）组成。

通信子网分为公用型和专用型。公用型通信子网一般是由国家部门建立的网络，也被称为公众网。专用型通信子网是由单位建立的网络，也被称为专用网，这种网络不需要向外提供服务。例如，军队、铁路、电力等系统均有本系统的专用网。

（2）资源子网。资源子网负责全网的数据处理业务，并向网络用户提供各种网络资源和网络服务。资源子网主要由主机、终端，以及相应的 I/O 设备、各种软件资源和数据资源构成。

1.4　计算机网络的分类

1.4.1　按地理覆盖范围划分

按地理覆盖范围的不同，计算机网络分为局域网（Local Area Network，LAN）、城域网（Metropolitan Area Network，MAN）、广域网（Wide Area Network，WAN）。

1．局域网

局域网的覆盖范围相对较小，一般在几十米到几千米之间。

2．城域网

城域网的覆盖范围为几千米到几万米，它主要用于满足城市、郊区的联网需求。

3．广域网

广域网的覆盖范围一般是几万米到几百万米，可以覆盖一个国家或地区，甚至可以横跨几个洲，形成国际性的远程网络。

广域网通常由国家或者 ISP（Internet Service Provider，因特网服务提供方，如国内的中国电信、中国移动、中国联通）来组建和运营。随着传输技术的发展，城域网技术与局域网技术、城域网技术与广域网技术之间的边界正在日益模糊。

目前，覆盖范围最大的计算机网络是 Internet，但 Internet 不是一种具体的物理网络，而是将不同物理网络按照 TCP/IP 协议互联起来的网络技术。各种物理网络均可以接入 Internet，成为 Internet 的一部分。

1.4.2　按实现技术划分

按实现技术的不同，计算机网络分为以太网（Ethernet）、令牌环（Token-Ring）网、FDDI（Fiber Distributed Data Interface，光纤分布式数据接口）、ATM（Asynchronous Transfer Mode，异步传输方式）等，它们都是 OSI 参考模型中数据链路层的实现技术。

1．以太网

以太网是由美国 Xerox（施乐）公司创建并由 Xerox、Intel 和 DEC 公司联合开发的基带局域网规范，当时被命名为 Ethernet，Ether（以太）意为介质。

以太网是实现局域网通信的一种技术，是目前应用最普遍的局域网技术，在局域网市场中已取得了垄断地位，并且几乎成了局域网的代名词。

以太网包括标准以太网（10Mbps）、快速以太网（100Mbps）、千兆以太网（1000Mbps）和万兆以太网（10Gbps）。

2．令牌环网

令牌环网是由 IBM 公司于 20 世纪 70 年代发展起来的，现在这种网络比较少见。令牌环网的传输方法在物理上采用了星型拓扑结构，但在逻辑上仍是环型拓扑结构。

3．FDDI

FDDI 是于 20 世纪 80 年代中期发展起来的局域网技术，通常用作骨干网。

FDDI 联网费用较高，因此人们大多采用千兆快速以太网技术实现高速互联，成本与实际应用都比 FDDI 更加成熟和具有优势。

4．ATM

ATM 是在分组交换基础上发展起来的一种交换技术。ATM 使用 53 字节固定长度的单元进行交换，没有共享介质或包传递带来的时延，非常适合音频和视频数据的传输。

1.5　计算机网络拓扑结构

将通信子网中的通信控制处理机、计算机等设备抽象成点，把连接这些设备的通信线路抽象成线，将这些点和线构成的结构称为计算机网络拓扑结构。

计算机网络拓扑结构是指计算机网络的物理连接形式，常见的网络拓扑结构有总线型、环型、星型、扩展星型、树状、网状和完全网状。

1. 总线型

总线型拓扑结构如图 1-5 所示，所有节点直接连到一条物理链路上，除此之外，节点间不存在任何其他连接，每个节点可以收到来自其他任何节点所发送的信息。

总线型拓扑结构简单、易于实现，但可靠性和灵活性差、传输时延不确定。

2. 环型

环型拓扑结构如图 1-6 所示，节点与链路构成了一个闭环，每个节点只与相邻的两个节点相连，每个节点只可以将信息转发给下一个相邻的节点。

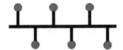

图 1-5　总线型拓扑结构　　　　图 1-6　环型拓扑结构

环型拓扑结构简单、易于实现、传输时延确定，但维护与管理复杂。

3. 星型

星型拓扑结构如图 1-7 所示，网络中的各节点以中央节点为中心相连接，节点之间的数据通信通过中央节点实现。

星型拓扑结构简单、管理方便、可扩充性强、组网容易，整个网络的性能取决于中心节点。

4. 扩展星型

扩展星型拓扑结构是星型拓扑结构的重复，如图 1-8 所示，中央星型拓扑结构上的节点是另一个星型拓扑结构的中心节点。扩展星型拓扑结构减少了链路与设备的投资，使得网络更具有层次化，方便隔离某些网络流量。

图 1-7　星型拓扑结构　　　　图 1-8　扩展星型拓扑结构

5. 树状

树状拓扑结构又被称为层次结构，如图 1-9 所示。在该结构中，数据流具有明显的层次性。

6．网状

网状拓扑结构属于无规则型结构，节点间的连接是任意的，没有规律，如图 1-10 所示，其优点是多条链路提供了冗余连接，可靠性高，缺点是结构复杂。

7．完全网状

完全网状拓扑结构中的每个节点均与其他节点直接相连，如图 1-11 所示，其特点是多条链路提供冗余连接，可靠性高，但链路随着节点数目的增加将成指数级增长。

图 1-9　树状拓扑结构　　　图 1-10　网状拓扑结构　　　图 1-11　完全网状拓扑结构

本章小结

本章介绍了计算机网络的起源、发展阶段、系统组成、分类和拓扑结构，使读者对计算机网络有一个整体的理解和初步的认识。

习题

1．计算机网络起源于（　　　）。

　　A．ARPAnet　　　　　　　　　B．FDDI

　　C．ATM　　　　　　　　　　　D．FDDI

2．企业内部网也被称为（　　　）。

　　A．城域网　　　　　　　　　　B．广域网

　　C．Intranet　　　　　　　　　　D．Internet

3．在局域网市场中取得垄断地位的网络技术是（　　　）。

　　A．令牌环网　　　　　　　　　B．FDDI

　　C．以太网　　　　　　　　　　D．ATM

4．计算机网络拓扑结构是指（　　　）。

　　A．计算机网络的物理连接形式　　B．计算机网络的协议集合

　　C．计算机网络的体系结构　　　　D．计算机网络的物理组成

5．从计算机网络拓扑结构上看，计算机网络系统由＿＿＿＿＿＿＿＿＿和

＿＿＿＿＿＿＿＿＿组成。

6．按地理覆盖范围的不同，计算机网络分为_____、_____和_____。

7．按实现技术的不同，计算机网络分为_____、_____、_____和_____等。

8．计算机网络的发展经历了哪几个阶段？

9．常见的计算机网络拓扑结构有哪些？

第 **2** 章

数据通信基础

数据通信是计算机网络的技术基础，为了更好地讲解计算机网络，本章将对数据通信技术的基础知识进行介绍。

2.1 信号与信道

1. 信号

信号分为数字信号和模拟信号两种。

模拟信号是一种连续变化的电信号，如电话语音信号、电视信号等。它是随时间变化的函数曲线，如图 2-1 所示。

数字信号是离散的、不连续的电信号，通常用"高"和"低"电平脉冲序列组成的编码来表示数据，如图 2-2 所示。

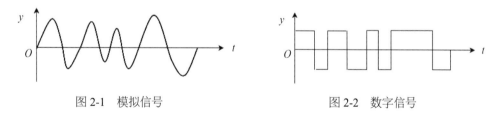

图 2-1　模拟信号　　　　　　　　图 2-2　数字信号

2. 信道

信道是传送信号的通道，分为物理信道和逻辑信道。物理信道是指用来传送信号或数据的物理通道，由传输介质及其附属设备组成。逻辑信道也是用于传输信息的一条通道，但在信号的收发节点之间不一定存在与之对应的物理传输介质，而是在物理信道基础上由节点设备内部的连接来实现传输的。

信道的传输能力是有限制的，单条信道传输数据的速率有一个上限。信道的最大数据传输速率与信道带宽有关，可以根据香农定理计算信道的最大数据传输速率 C。

$$C=B\times\log_2(1+S/N)\text{（bps）}$$

其中，B 为信道带宽，单位为 Hz；S 为信号功率；N 为噪声功率；S/N 为信噪比，通常把信噪比表示成 $10\lg(S/N)$，单位是分贝（dB）。

例：某信道的信噪比为 30dB，带宽为 3kHz，求信道的最大数据传输速率。

解：由信噪比 $10\lg(S/N)=30$　可得，$\lg(S/N)=3$，$S/N=10^3=1000$。

则信道的最大数据传输速率

$C=3000\times\log_2(1+1000)=3000\times\lg1001/\lg2\approx3000\times3/0.3=30\ 000\text{bps}=30\text{kbps}$

2.2　码元与码字

码元又被称为码位，是对计算机网络传送的二进制数字中的每一位的通称，是构成信息编码的最小单位。

由若干码元序列表示的数据单元代码被称为码字。例如，二进制数字 1000001 是由 7 个码元组成的序列，可以视为一个码字，在 7 位 ASCII 码中，这个码字表示字母 A。

2.3　数据通信方式

数据通信方式分为单工通信、半双工通信和全双工通信。

1．单工通信

单工通信是指在通信线路上数据只能按一个固定的方向传输而不能进行相反方向传输的通信方式，如图 2-3 所示。

图 2-3　单工通信

2．半双工通信

半双工通信是指某一时刻只允许在一个方向上传输数据，不能同时进行双向传输的通信方式，如图 2-4 所示。

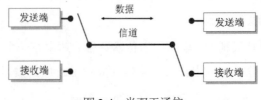

图 2-4　半双工通信

3．全双工通信

全双工通信是指可同时进行双向传输的通信方式，如图 2-5 所示。

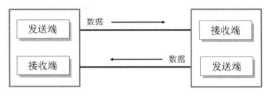

图 2-5　全双工通信

2.4　数据传输方式

根据数据在通信线路中是原样不变地传输还是调制后再传输，数据传输方式分为基带传输、频带传输和宽带传输。

1．基带传输

基带（Baseband）是指原始电信号固有的基本频带。基带信号是未经载波调制的信号，由 0 和 1 组成的数字信号被称为数字基带信号。

在信道中直接传输基带信号的传输方式被称为基带传输。基带传输一般用于近距离的数据通信中，例如，计算机局域网采用基带传输方式，传输的是由 0 和 1 组成的数字信号，如图 2-6 所示。

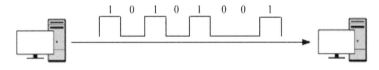

图 2-6　计算机局域网采用基带传输方式

2．频带传输

频带传输是利用模拟信道传输数字信号的技术。当使用频带传输时，需要将数字信号调制成模拟信号，再进行传输，当到达接收端时，再把模拟信号解调为原来的数字信号。将数字信号转换为模拟信号的过程称为调制。

调制解调器是一种计算机硬件，它能把计算机的数字信号转换为可沿普通电话线传送的模拟信号，这些模拟信号又可被线路另一端的调制解调器接收，再转换成数字信号，通过这个过程完成两台计算机间的通信。

3．宽带传输

宽带是指比声频更宽的频带，利用宽带进行的传输被称为宽带传输。由于数字信号的频带很宽，不便于在宽带网中直接传输，因此需要将其转换为模拟信号，然后利用频分多路复用技术实现在宽带网中的传输。

宽带传输信道容量大，传输距离长；基带传输速率快，传输距离短。

2.5 数据交换技术

数据交换（Data Switching）是指在多台数据终端设备（DTE）之间为任意两台终端设备建立数据通信的过程。数据交换可以分为电路交换、报文交换和分组交换。

1. 电路交换

电路交换是指在两个通信站点之间建立一条物理的传输通道，通信完毕后再拆除这条传输通道的过程。电路交换包含三个阶段，分别是电路建立、数据传输、电路释放，如图 2-7 所示。

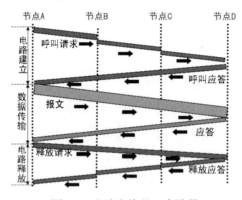

图 2-7 电路交换的三个阶段

电路交换建立的物理通道是一条专用的线路，当通信双方空闲时，线路也不能被其他终端使用，因此电路交换的线路利用率低，但电路交换引入的时延低，适合传输实时性高和批量大的数据。

2. 报文交换

所谓报文就是指计算机一次性要发送的数据块，其长度不限且可变。报文交换是以报文为单位的存储转发交换方式，其原理是发送端将要发送的报文作为一个整体发往本地交换中心并存储起来，当本地交换中心的输出口有空时，就将整个报文转发到下一个交换中心，最后由接收端的交换中心将报文传递给接收用户。

报文包括三部分内容：报头、正文和报尾。报头由源地址、目的地址及控制信息组成，报尾一般是校验信息。

报文交换的优点是线路利用率比电路交换的线路利用率更高，缺点是报文大小不一致，容易增加缓冲区管理的复杂度，而且出错后整个报文需要重发，重发成本高。

3．分组交换

分组交换也被称为包交换（Packet Switching Technology），它将报文划分为较短的、固定长度的分组，每个分组的前面加上首部，如图 2-8 所示，用以指明该分组发往何处，然后由交换机根据每个分组的地址标志，将它们转发至目的地。实现分组交换的通信网被称为分组交换网。

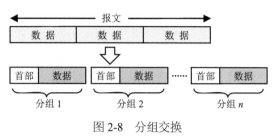

图 2-8　分组交换

分组交换不但具备报文交换方式线路利用率高的优点，而且克服了时延高的缺点，因此广域网大多都采用分组交换方式。

分组交换有两种实现方式：数据报方式和虚电路方式。在数据报方式下，每个分组被称为一个数据报，各个分组根据目的地址独立到达目的地，同一个报文的不同分组可能沿着不同路径到达目的地。在虚电路方式下，通信双方在收发数据前，需要先在网络上建立一条逻辑链路，用户数据按照顺序沿逻辑链路到达目的地。

2.6　差错控制

差错控制是指在数据通信中利用编码的方法对传输中产生的差错进行控制，以提高数据传输的正确性和有效性。

2.6.1　奇偶校验

奇偶校验的编码规则是，在发送的数据块后面附加一位校验位，该位的取值由原数据块中"1"的个数之和决定，把数据中"1"的个数凑成偶数称为偶校验，把数据中"1"的个数凑成奇数称为奇校验。

例如，传输的数据是"1011000"，该数据已有 3 个"1"，采用偶校验时，校验位取"1"，从而凑成 4 个"1"，这时码字是"1011000⬚1⬚"；采用奇校验时，校验位取"0"，从而凑成 3 个"1"，码字变为"1011000⬚0⬚"。

奇偶校验的优点是设备简单、容易实现，缺点是检错能力低，也无法纠错。例如，上述采用偶校验的码字"1011000⬚1⬚"传输出错后变为"101⬚01⬚00⬚1⬚"，则检测不出，因为仍然是偶数个"1"，如果出错后变为"1⬚1⬚11000⬚1⬚"则可以检出错误，但无法纠错，因为不知道是哪一位出错了。

2.6.2 循环冗余校验

循环冗余校验（Cyclic Redundancy Check，CRC）将通过算法生成的校验码（称为 CRC 校验码）附加到数据后面一起发送，接收端根据收到的数据和校验码来检验数据是否发生变化。

循环冗余校验码由 n 位原信息码和 k 位校验码构成，k 位校验码拼接在 n 位原信息码后面，$n+k$ 为循环冗余校验码的字长，被一同发送出去。

设待发送的 n 位原信息码为 $M(x)$，最高幂次是 x^{n-1}。约定的生成多项式 $G(x)$ 是一个 $k+1$ 位的二进制数，最高幂次是 x^k。

将 $M(x)$ 乘以 x^k，即左移 k 位后，再除以 $G(x)$，得到的 k 位余数就是校验位。这里的除法运算是模 2 除法（即减法不借位、加法不进位），这是一种异或操作，即当部分余数首位是 1 时商取 1，反之商取 0，而每一位减法运算是按位减的，不产生借位。

例如，约定的生成多项式为 $G(x)=x^4+x+1$，其二进制表示为 10011，共 5 位，即多项式中项的"幂数+1"即为对应的二进制的位序，其中 $k=4$；要发送的数据为 101011，共 6 位，即 $M(x)$；在要发送的数据后面加 4 个 0，也就是 $M(x) \times x^k$，相当于信息码左移 4 位，二进制表示为 101011⌐0000⌐，共 10 位；用 101011⌐0000⌐除以生成多项式的二进制表示 10011，得到余数为 0100（注意余数一定是 k 位的），相除的过程如图 2-9 所示。

将余数 0100 添加到要发送的数据 101011 后面，得到真正要发送数据的 CRC 校验码比特流 101011⌐0100⌐，其中前 6 位为原信息码，后 4 位为 CRC 校验位。

CRC 校验码被存储或传送后，接收端进行校验以判断数据是否有错，若有错则进行纠错。一个 CRC 校验码一定能被生成多项式整除，所以接收端对接收的码字用同样的生成多项式相除，若余数为 0，则码字没有错误；若余数不为 0，则说明码字出错。

上例中如果接收端收到的数据为 101011⌐0100⌐，用该数据除以约定的多项式 10011，余数为 0，则说明接收的数据没有错误，数据校验相除过程如图 2-10 所示。

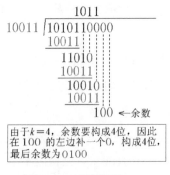

图 2-9　二进制相除

图 2-10　数据校验相除过程

如果余数不为 0，则说明数据在传输中出现错误，此时如果选择了恰当的多项式 $G(x)$，则出错位置和余数的对应关系是确定的，只需对出错位取反就可以纠错，但实际应用的时候基本不纠错而是直接丢弃，请求重发，因为纠错的代价太高。

2.7　有线传输介质

有线传输介质包括双绞线、同轴电缆和光纤。

2.7.1　双绞线

双绞线是一种最常用的传输介质，由八根具有绝缘保护层的导线组成，每两根绝缘导线绞在一起，一根导线在传输过程中辐射出来的电波会被另一根导线上发出的电波抵消，从而有效降低信号干扰的程度。在使用时将双绞线和 RJ-45 水晶头连接在一起，如图 2-11 所示。

图 2-11　双绞线和 RJ-45 水晶头

双绞线的排线顺序分为 T568A 标准和 T568B 标准，如图 2-12 所示。

脚位	1	2	3	4	5	6	7	8
T568A	白绿	绿	白橙	蓝	白蓝	橙	白棕	棕
T568B	白橙	橙	白绿	蓝	白蓝	绿	白棕	棕

图 2-12　双绞线的排线顺序

通过测线仪测试双绞线是否可用，测线仪如图 2-13 所示。

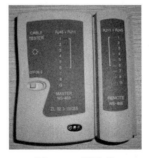

图 2-13　测线仪

在测试时，首先将接好水晶头的双绞线插入测线仪，然后打开测线仪电源，如果测线仪两侧的灯依次从 1～8 或从 8～1 闪亮，说明双绞线是好的，如图 2-14 所示，否则双绞线存在故障。

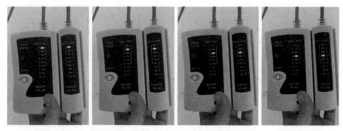

图 2-14　双绞线连通测试状态

双绞线在测试时常见的故障及产生的原因如下。

（1）某灯不亮，说明该灯对应线路断路。

（2）多灯同时亮，说明对应的线路短路。

（3）不按顺序亮，说明水晶头的排线顺序不对。

根据排线顺序的不同，双绞线分为直通线和交叉线。直通线的两头都采用 T568B 标准排线，用于异种设备的连接，如 PC 对交换机。交叉线的一头采用 T568A 标准排线，另一头采用 T568B 标准排线，用于同种设备的连接，如 PC 对 PC。

设备之间的连接使用的双绞线类型如表 2-1 所示。

表 2-1　设备之间的连接使用的双绞线类型

连 接 设 备	连接线类型
PC 对 PC	交叉线
PC 对交换机	直通线
交换机对交换机	交叉线
交换机对路由器	直通线
路由器对路由器	交叉线
宽带 Modem 对 PC	直通线

根据有无屏蔽层，双绞线分为以下几种类型。

（1）UTP（Unshielded Twisted Pair）：非屏蔽双绞线，如图 2-15（a）所示。

（2）STP（Shielded Twisted Pair）：屏蔽双绞线，外面由一层金属材料包裹，以减小辐射，防止信息被窃听。STP 是采用铝箔屏蔽的双绞线，如图 2-15（b）所示。

（3）SFTP（Shielded Foil Twisted Pair）：双屏蔽双绞线，即在 FTP/STP 的基础上，再加一层镀锡铜编织网，可大大减少外界的干扰，降低内部信号的衰减程度，如图 2-15（c）所示。

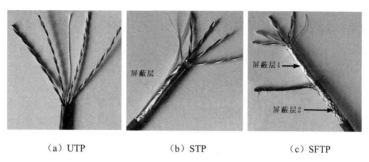

（a）UTP   （b）STP   （c）SFTP

图 2-15   UTP、STP 和 SFTP

常用的双绞线有五类线、超五类线、六类线、超六类线、七类线、八类线。

（1）五类线。五类线的数据传输速率为 100Mbps，网线外表皮标注"CAT.5"，如图 2-16 所示。CAT 是 Category 的缩写，表示类别。

（2）超五类线。超五类线的数据传输速率为 100M～1000Mbps，网线外表皮标注"CAT 5E"，如图 2-17 所示。在实际使用中，100Mbps 带宽的网络应优先选用超五类线。

图 2-16   五类线   图 2-17   超五类线

在图 2-17 中，24AWG 表示导线厚度（以英寸计），用毫米表示约为 0.511mm，AWG（American Wire Gauge）是美制电线标准的简称，4PR 表示四对导线。

除了数据传输速率不同，五类线与超五类线的区别还体现在，五类线采用两对铜芯线缆传输数据，有效传输距离不超过 100m，超五类线采用四对铜芯线缆传输数据，有效传输距离可达 300m。

（3）六类线。六类线的数据传输速率为 1000Mbps，网线外表皮标注"CAT.6"，其增加了十字骨架的设计，隔离效果更好，应用在千兆网络中，如图 2-18 所示。

（4）超六类线。超六类线也被称为 6A 网线，网线外表皮标注"CAT 6E"，支持万兆网络。

（5）七类线。七类线支持万兆位以太网，是一种屏蔽双绞线，数据传输速率可达 10Gbps。七类线中的每一对线都有一个屏蔽层，四对线合在一起还有一个公共大屏蔽层，如图 2-19 所示。

图 2-18   六类线   图 2-19   七类线

（6）八类线。八类线是新一代双屏蔽双绞线，如图 2-20 所示，数据传输速率可达 40Gbps，但传输距离短，一般用作跳线，用于短距离设备的连接，如数据中心的服务器、交换机等。

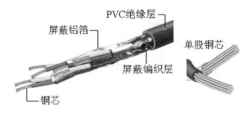

图 2-20　八类线

2.7.2　同轴电缆

同轴电缆由外导体、内导体、绝缘层和外保护层构成，如图 2-21 所示。由于外导体具有屏蔽的作用，同轴电缆具有较好的抗干扰特性（特别是高频段），适合高速数据传输。

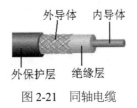

图 2-21　同轴电缆

同轴电缆根据直径大小可以分为粗同轴电缆（简称粗缆）和细同轴电缆（简称细缆）。通常按特性阻抗数值的不同，同轴电缆可分为如下两类。

（1）50Ω 同轴电缆：在数据通信中传输基带信号。

（2）75Ω 同轴电缆：模拟传输系统（CATV）。

2.7.3　光纤

光纤是光导纤维的简称，是一种由玻璃或塑料制成的纤维，其利用"光的全反射"原理实现光的传输，如图 2-22 所示。

图 2-22　光纤传输

光纤由纤芯、包层和保护层构成，纤芯的折射率高，包层的折射率低，从而实现光的全反射，如图 2-23 所示。

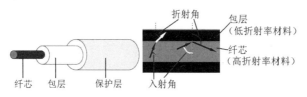

图 2-23　光纤结构和光的全反射原理

由于光在光纤中的传导损耗比电在电线中的传导损耗低得多，因此光纤在长距离的数据传输中具有优势。

按传输模式的不同，光纤分为多模光纤和单模光纤，如图 2-24 所示。多模光纤可以同时传输多路不同波长的光信号，单模光纤只能传输一路单一波长的光信号。光在单模光纤中沿直线传输，无反射，所以传输距离比多模光纤要长。

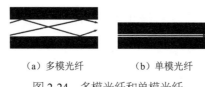

（a）多模光纤　　　（b）单模光纤

图 2-24　多模光纤和单模光纤

黄色的光纤一般是单模光纤，橘红色或者灰色的光纤一般是多模光纤。

由一定数量的光纤组成缆芯，再加上填充绳、缆膏、松套管和纤膏等构件构成光缆。光缆结构和实物如图 2-25 所示，另外，根据需要还可包括防水层、缓冲层、绝缘金属导线等构件。

图 2-25　光缆结构和实物

2.8　数据通信的主要指标

1. 数据传输速率

数据传输速率通常指单位时间内通信线路传输的比特（bit）数，单位为 bit/s，常记作 b/s（比特每秒）、kb/s（千比特每秒）、Mb/s（兆比特每秒）、Gb/s（吉比特每秒），也记作 bps、kbps、Mbps、Gbps。

常说的网络带宽是指数据传输速率，如 100Mbps 表示每秒传输 100M 个 bit。另外，常用 Byte/s 或 B/s（即每秒传输字节数）来表示上网速度，如 10MB/s 表示每秒上传或下载 10 字节。两者的关系是 1B/s=8bps，例如，100Mbps 的带宽理论上相当于 12.5MB/s，即 100/8=12.5MB/s。

2．误码率

误码率是指信息传输的错误率，是衡量数据在规定时间内传输精确性的指标。

误码率=传输中的误码/所传输的总码数×100%。

3．传播时延

数据传播时从信源端到达信宿端需要一定的时间，这个时间被称为传播时延，它与信源端和信宿端的距离以及信号传播速度有关。

4．信道带宽

信道带宽是指信道所能传送的信号频率宽度，其值为信道上可传送信号的最高频率与最低频率之差。带宽越大，所能达到的数据传输速率就越大，例如，六类线的传输频率为 1M～250MHz，适用于数据传输速率高于 1Gbps 的网络，七类线可以提供至少 500MHz 的综合衰减对串扰比和 600MHz 的整体带宽，数据传输速率可达 10Gbps。

本章小结

本章介绍了数据通信的基础知识，包括信号与信道、码元与码字、数据通信方式、数据传输方式、数据交换技术，并讲解了差错控制的实现方法，包括奇偶校验和循环冗余校验，还介绍了有线传输介质，包括双绞线、同轴电缆和光纤，最后介绍了数据通信的主要指标。

习题

1．在数据通信中，将数字信号转换为模拟信号的过程称为（　　　）。

    A．编码   B．解码

    C．解调   D．调制

2．计算机局域网采用的数据传输方式是（　　　）。

    A．频带传输   B．基带传输

    C．宽度传输   D．以上都不是

3．交换机与交换机相连，采用的双绞线是（　　　）。

    A．直通线   B．交叉线

    C．两者都不可以   D．无法确定

4. 交换机与路由器相连，采用的双绞线是（   ）。

    A．直通线　　　　　　　　　　　B．交叉线

    C．两者都不可以　　　　　　　　D．无法确定

5. 路由器与路由器相连，采用的双绞线是（   ）。

    A．直通线　　　　　　　　　　　B．交叉线

    C．两者都不可以　　　　　　　　D．无法确定

6. PC 与交换机相连，采用的双绞线是（   ）。

    A．直通线　　　　　　　　　　　B．交叉线

    C．直通线和交叉线都可以　　　　D．直通线和交叉线都不可以

7. 在测试双绞线时，测线仪一端某灯亮，另一端没有灯亮，原因是（   ）。

    A．该灯对应线路不通　　　　　　B．该灯对应多线短路

    C．水晶头的排线顺序不对　　　　D．以上都不对

8. 在测试双绞线时，测线仪一端某灯亮，另一端多个灯亮，原因是（   ）。

    A．多个灯亮的对应线路不通　　　B．多个灯亮的对应线路短路

    C．水晶头的排线顺序不对　　　　D．以上都不对

9. 在测试双绞线时，测线仪两端亮灯的顺序不一致，原因是（   ）。

    A．该灯对应线路不通　　　　　　B．该灯对应多线短路

    C．水晶头的排线顺序不对　　　　D．以上都不对

10. 在下列选项中，（   ）不是数据传输速率的单位。

    A．b/s　　　　　　　　　　　　　B．kB/s

    C．Mb/s　　　　　　　　　　　　D．kb/s

11. 允许数据在两个方向上传输，但某一时刻只能允许数据在一个方向上传输，这种通信方式为（   ）。

    A．单工　　　　　　　　　　　　B．半双工

    C．全双工　　　　　　　　　　　D．并行

12. 在通信线路上，数据只可按一个固定的方向传输而不能进行相反方向的传输，这种通信方式为（   ）。

    A．单工　　　　　　　　　　　　B．半双工

    C．全双工　　　　　　　　　　　D．并行

13．允许数据在两个方向上同时进行双向传输，这种通信方式为（　　　）。

　　A．单工　　　　　　　　　　　B．半双工

　　C．全双工　　　　　　　　　　D．并行

14．有线网络传输介质包括＿＿＿＿＿＿＿、＿＿＿＿＿＿＿和＿＿＿＿＿＿＿。

15．数据通信方式包括＿＿＿＿＿＿＿、＿＿＿＿＿＿＿和＿＿＿＿＿＿＿。

16．数据传输方式分为＿＿＿＿＿＿＿、＿＿＿＿＿＿＿和＿＿＿＿＿＿＿。

17．数据交换可以分为＿＿＿＿＿＿＿、＿＿＿＿＿＿＿和＿＿＿＿＿＿＿。

18．按传输模式的不同，光纤分为＿＿＿＿＿＿＿和＿＿＿＿＿＿＿。

19．多模光纤和单模光纤相比，一条光纤中能够承载多路光信号的是＿＿＿＿＿，传播距离长的是＿＿＿＿＿＿＿。

20．设传输的数据为1010100，采用偶校验时的码字是＿＿＿＿＿＿＿，采用奇校验时的码字是＿＿＿＿＿＿＿。

21．常见的双绞线主要有几种？各自的标识是什么？数据传输速率分别是多少？

22．列出双绞线排线标准 T568A 和 T568B 的排线顺序。

第 **3** 章

计算机网络体系结构

计算机网络体系结构是计算机之间相互通信的层次以及各层中的协议和层次之间接口的集合。世界上第一个网络体系结构由美国 IBM 公司于 1974 年提出，它被命名为系统网络结构（System Network Architecture，SNA），遵循 SNA 的设备可以方便地进行互连。此后，很多公司也纷纷建立自己的网络体系结构，这些体系结构大同小异，都采用了层次技术。

3.1　网络协议

网络协议是指在计算机网络中进行数据交换而建立的规则、标准或约定的集合。网络协议的三要素是语法、语义、时序。

语法是指数据与控制信息的结构、编码及信号电平等。语义是对构成协议的协议元素含义的解释。时序也被称为同步，规定了事件的执行顺序。

3.2　OSI 参考模型

OSI 参考模型是 ISO 组织在 1985 年研究的网络互联模型，该模型定义了网络互联的七层框架，即物理层、数据链路层、网络层、传输层、会话层、表示层和应用层，如图 3-1 所示。

图 3-1　OSI 参考模型定义的网络互联的七层框架

各层功能如下。

- 应用层是 OSI 参考模型中的最高层，用于为应用程序提供服务。

- 表示层用于提供各种应用层数据的编码和转换功能，确保一个系统的应用层发送的数据能被另一个系统的应用层识别，主要包括数据格式变换、数据的加密与解密、数据压缩与恢复等功能。

- 会话层负责通信中两个节点之间的会话连接的建立、维护和断开，以及数据的交换。

- 传输层用于为用户提供端到端的服务，处理报文错误、报文次序错误等传输问题。

- 网络层用于为网络上的不同主机提供通信服务，包括路由选择、拥塞控制、网络互联等功能。

- 数据链路层在物理层提供服务的基础上，在通信的实体间建立数据链路连接，传输以帧为单位的数据包，并为网络层提供差错控制和流量控制服务。

- 物理层利用传输介质为通信的网络节点之间建立、维护和释放物理连接，实现比特流的透明传输，进而为数据链路层提供数据传输服务。

OSI 参考模型下的数据传输过程如图 3-2 所示。

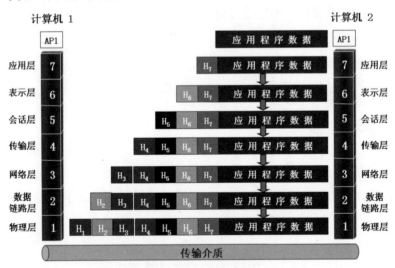

图 3-2　OSI 参考模型下的数据传输过程

每个分层都会对所发送的数据附加一个首部（$H_1 \sim H_7$），在这个首部中包含了该层必要的信息，从下一层的角度来看，从上一层收到的包全部都被认为是本层的数据。

由于 OSI 参考模型实现起来太过复杂，层次划分也不合理，并且运行效率低，再加上没有商业驱动力，因此其并没有被真正应用起来，真正得到广泛应用的是 TCP/IP 协议。

3.3　TCP/IP 协议

TCP/IP（Transmission Control Protocol/Internet Protocol，传输控制协议/互联网协议）是能够在多个不同网络之间实现数据传输的协议簇。

TCP/IP 协议在一定程度上参考了 OSI 参考模型的体系结构。OSI 参考模型共有七层，而在 TCP/IP 协议中它们被简化为四层，分别是应用层、传输层、网络层和链路层。TCP/IP 协议与 OSI 参考模型的对应层次关系如图 3-3 所示。

OSI 参考模型	TCP/IP 协议
应用层	应用层
表示层	
会话层	
传输层	传输层
网络层	网络层
数据链路层	链路层
物理层	

图 3-3　TCP/IP 协议与 OSI 参考模型的对应层次关系

与 OSI 参考模型相比，TCP/IP 协议更具优越性，实现起来也更容易，所以 TCP/IP 已经成了事实上的国际标准，是 Internet 最基本的协议。需要特别说明的是，TCP/IP 协议不是只有 TCP 和 IP 两个协议，而是由 FTP（文件传输协议）、SMTP（简单邮件传送协议）、TCP（传输控制协议）、UDP（用户数据报协议）、IP（互联网协议）等协议构成的协议簇，只是 TCP 协议和 IP 协议具有代表性，所以整个协议簇被称为 TCP/IP 协议。

TCP/IP 协议中各层的功能如下。

1. 应用层

应用层是 TCP/IP 协议的最高层，直接为应用程序提供服务，主要功能是定义数据格式并按照对应的格式解读数据。

应用层的主要协议有 Telnet（远程登录）、FTP、SMTP、SNMP（简单网络管理协议）、HTTP（超文本传输协议）、DNS（域名服务）。

2. 传输层

传输层的主要功能是定义端口、标识应用程序身份、实现端到端的通信。传输层的主要协议有 TCP 和 UDP。

（1）TCP 协议。TCP 是一种可靠的面向连接的协议，能够提供可靠的数据传输，主要任务是进行数据分组、确认收到的分组、设置超时时间等。

TCP 协议将源主机应用层的数据分成多段，然后将每个分段传送到网络层，网络层将数据封装为 IP 数据报，并发送到目的主机。目的主机的网络层将 IP 数据报中的分段传送给传输层，再由传输层对这些分段进行重组，还原成原始数据，并传送给应用层。

（2）UDP 协议。UDP 是一种不可靠的无连接协议，负责把数据报的分组从一台主机发送到另一台主机，不进行差错检验，不能保证数据一定会被送达目的主机，因此 UDP 协议不能提供可靠的数据传输。

3. 网络层

网络层的主要功能是定义网络地址、区分网段、MAC 寻址、对不同子网的数据报进行路由。网络层的主要协议有 IP、ICMP（Internet Control Message Protocol，互联网控制报文协议）和 IGMP（Internet Group Management Protocol，互联网组管理协议）。

（1）IP 协议。IP 协议的任务是为每个网卡分配一个逻辑地址，即 IP 地址，并对数据包进行相应的寻址和路由，将数据报从一个网络转发到另一个网络。

IP 是一个无连接的协议，无连接是指主机之间不建立用于可靠通信的端到端连接，源主机只是将 IP 数据报发送出去，并不进行差错检验，也不能检测网络错误，所以不能保证数据报一定会传输成功。

（2）ICMP 协议。ICMP 协议为 IP 协议提供差错报告，即向发送 IP 数据报的源主机汇报网络差错信息，如网络通不通、主机是否可达、路由是否可用等网络本身的消息。

（3）IGMP 协议。IGMP 协议负责把 UDP 数据报多播到多台主机。IP 协议只负责网络中点到点的数据报传输，而点到多点的数据报传输则由 IGMP 协议完成。

4. 链路层

链路层位于 TCP/IP 协议的底层，主要功能是对电信号进行分组并形成具有特定意义的数据帧，然后以广播的形式通过物理介质发送给接收端。

由于链路层兼并了 OSI 参考模型中的物理层和数据链路层，所以链路层既是传输数据的物理媒介，也可以为网络层提供一条准确无误的线路。

链路层的主要协议有 ARP（Address Resolution Protocol，地址解析协议）和 RARP（Reverse Address Resolution Protocol，反向地址解析协议）。ARP 协议根据 IP 地址获取对应的 MAC 地址，RARP 协议根据 MAC 地址获取对应的 IP 地址。

3.4　TCP/IP 协议的数据封装过程

TCP/IP 协议的数据封装过程如图 3-4 所示。在发送数据时，传输层为从应用层传入的数据添加 TCP 首部形成 TCP 报文并传给网络层，网络层为从传输层传入的数据添加 IP 首部形成 IP 数据报并传给链路层，链路层为从网络层传入的数据添加 MAC 首部和尾部形成 MAC 帧，最后传给通信链路。

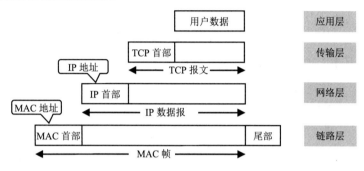

图 3-4　TCP/IP 协议的数据封装过程

从 TCP/IP 协议的数据封装过程中可以看出，在网络层只能看到 IP 地址，在链路层只能看到 MAC 地址而看不到 IP 地址。另外需要说明的是，数据包在不同的协议层有不同的称谓，在传输层被称为报文或者段（Segment），在网络层被称为数据报（Datagram），在链路层被称为帧（Frame）。

3.5　IPv4 地址表示方法

IPv4（Internet Protocol version 4，第 4 版互联网协议）是一种无连接的协议，用在链路层上。无论使用哪种终端，用户在上网时，系统都需要为其分配一个 IP 地址，当前广泛使用的是 IPv4 地址。

IP 地址类似于人的住址，它被称为逻辑地址，IP 地址由网络管理员根据本地网络分配给各台主机。

IPv4 采用 32 位二进制数（即 4 字节）表示，常用点分十进制表示，例如，IPv4 地址 10000000 00001011 00000011 00011111 用点分十进制表示为 128.11.3.31，如图 3-5 所示。

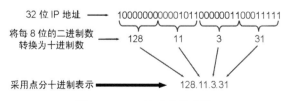

图 3-5　IPv4 地址表示方法

3.6 MAC 地址表示方法

MAC 地址（Media Access Control Address，媒体访问控制地址）也被称为物理地址（Physical Address）或硬件地址，用于在网络中唯一标识一个网卡，一台设备如果有多个网卡，则每个网卡都需要有一个唯一的 MAC 地址。

MAC 地址的长度为 48 位（6 字节），通常用十六进制数表示，如 00-16-EA-AE-3C-40。

3.7 查看 IP 地址和 MAC 地址的方法

在 Windows 操作系统中，在命令行提示符界面下执行 ipconfig 命令可以查看计算机的 IP 地址和 MAC 地址，方法是选择"开始"→"运行"命令，在文本框中输入"cmd"并按回车键进入命令行提示符界面，然后输入"ipconfig /all"并按回车键，结果如图 3-6 所示。

图 3-6 查看 IP 地址和 MAC 地址

3.8 MAC 帧发送过程

IP 地址是按照区域划分的，路由器在收到数据包后，从源 IP 地址中可以判断出这个数据包是从哪个区域发来的，从目的 IP 地址中可以判断出这个数据包要发送到哪里。

在链路层中 IP 地址是不可见的，链路层传送的是 MAC 帧，只有到路由节点后，才会从 MAC 帧中解析出 IP 数据包，获取 IP 地址，从而判断目的 IP 地址是属于哪个区域的。

如图 3-7 所示，HA1、HA2 分别为主机 H1 和 H2 的 MAC 地址，HA3～HA6 分别为路由器 R1 和 R2 的 MAC 地址。

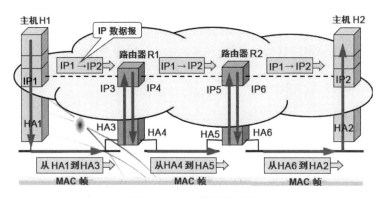

图 3-7　MAC 帧发送过程

主机 H1 向 H2 发送数据，从网络层来看是 IP 数据报的流动，实际上数据链路传送的是 MAC 帧，即主机 H1 的 IP 数据报向下交给数据链路层后被封装成 MAC 帧，该 MAC 帧的源 MAC 地址为 HA1，目的 MAC 地址为与主机 H1 相连的路由器 R1 的 MAC 地址 HA3，路由器 R1 收到 MAC 帧后，向网络层传输并且解封 MAC 帧的首部，得到 IP 地址，据此决定此数据报的路由选择为 R2，然后继续将此数据报重新封装成新的 MAC 帧，此时 MAC 帧的源 MAC 地址为 HA4，目的 MAC 地址为与路由器 R1 相连的路由器 R2 的 MAC 地址 HA5，如此循环直到到达目的主机所在的路由器，然后发送给目的主机。

举个例子，从家里的计算机发送一个数据包到喀什市疏勒县，数据包中的信息主要有源 IP 地址（宁波）、目的 IP 地址（疏勒县），数据包的发送过程如下。

（1）数据包首先被发送到家庭路由器，原因是家里的计算机配置的默认网关是家里的这台路由器，所以数据包的第一站为家庭路由器。

（2）家庭路由器从 MAC 帧中解析出 IP 数据包，检查到目的 IP 地址属于疏勒县，属于外网，但是它不清楚疏勒县在哪里，所以它会转给下一个网关，即宁波市的网关，前提是要先通过 ARP 协议获取宁波市网关的 MAC 地址，然后将数据报重新封装为 MAC 帧（注意这时候 MAC 帧中的 MAC 地址已经替换为宁波市网关的 MAC 地址了），通过物理链路发送到宁波市的网关。

（3）宁波市的网关拿到 MAC 帧后，先解析出 IP 数据包，获取目的 IP 地址，发现属于疏勒县，它也不清楚疏勒县在哪里，但它自己的默认网关是杭州的 IP 地址，所以通过 ARP 协议获取杭州网关的 MAC 地址，重新封装 MAC 帧并发送到杭州的网关。

（4）杭州的网关收到数据包后进行解析，发现是疏勒县，它依然不清楚疏勒县在哪里，但是从 IP 地址上发现疏勒县属于新疆，所以转发给乌鲁木齐的网关。

（5）乌鲁木齐的网关收到 MAC 帧后，再转发给喀什市的网关。

（6）喀什市的网关转发给疏勒县，完成发送任务。

【例 3-1】如图 3-8 所示，主机 A 发送数据包给主机 B，在数据包经过路由器转发的过程中，封装在数据包 1 中的目的 IP 地址和目的 MAC 地址分别是（　　）。

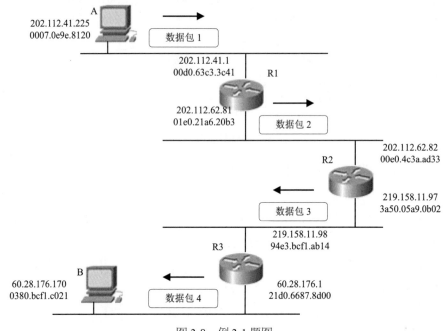

图 3-8　例 3-1 题图

A．60.28.176.1 和 0380.bcf1.c021

B．202.112.41.1 和 0380.bcf1.c021

C．60.28.176.170 和 00d0.63c3.3c41

D．60.28.176.1 和 0380.bcf1.c021

正确答案：C

解：数据包在转发的过程中，数据包中的源 IP 地址和目的 IP 地址始终不变，源 IP 地址是源主机的 IP 地址，目的 IP 地址是目的主机的 IP 地址；而源 MAC 地址和目的 MAC 地址是不断变化的，源 MAC 地址是当前节点的 MAC 地址，目的 MAC 地址是下一个节点的 MAC 地址。因此该题所有数据包中的目的 IP 地址都是 60.28.176.170，而数据包 1 中的目的 MAC 地址是下一个节点路由器 R1 的 MAC 地址 00d0.63c3.3c41。

3.9　IPv4 数据报结构

IPv4 数据报由 IP 首部和数据部分组成，首部由 20 字节的固定部分和可选部分组成，如图 3-9 所示。

图 3-9　IPv4 数据报结构

- 版本：占 4 位，IPv4 对应的是 0100。

- 首部长度：占 4 位，对应的十进制数值×4 即为 IP 首部的字节数。4 位可表示的最大数值是 15，因此 IP 首部的最大长度为 15×4=60 字节。

- 服务类型：占 8 位，这个字段在旧标准中叫作服务类型，但实际上一直没有使用过。1998 年，IETF 把这个字段改名为区分服务（Differentiated Services，DS），只有在使用区分服务时这个字段才起作用。

- 数据报总长度：占 16 位，指首部和数据部分之和的总长度，单位为字节，$2^{16}-1=65\,535$，因此数据报的最大长度为 65 535 字节，并且总长度不能超过 MTU（Maximum Transmission Unit，最大传输单元）值。

- 标识：占 16 位，它是一个计数器，用来产生数据报的标识。

IP 软件在存储器中维持一个计数器，每产生一个数据报，计数器就加 1，并将此值赋给标识字段。但这个"标识"并不是序号，因为 IP 协议是无连接服务，数据报不存在按序接收的问题。当数据报由于长度超过网络的 MTU 值而必须分片时，这个标识字段的值就被复制到所有数据报的标识字段中。相同的标识字段的值使分片后的各数据报片最后能正确地重装成原来的数据报。

- 分片标志：占 3 位，但只有 2 位有效。最低位为 1 表示后面还有分片的数据报，为 0 表示这已是若干数据报片中的最后一个；中间位为 0 时表示此 IP 数据报允许分片，为 1 时表示不允许分片。

- 片偏移：占 13 位。片偏移是指在进行较长的分组分片后，某片在原分组中的相对位置，也就是说，相对用户数据字段的起点，该片从何处开始。片偏移以 8 字节为偏移单位，除最后一个分片外，其他分片的长度一定是 8 字节的整数倍，如图 3-10 所示。

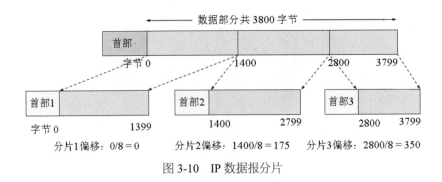

图 3-10　IP 数据报分片

- 生存时间（Time To Live，TTL）：占 8 位。TTL 指数据包在网络中的寿命，由发出数据包的源站设置这个字段。设置 TTL 的目的是防止无法交付的数据包无限制地在 Internet 中兜圈子，白白消耗网络资源。最初，TTL 以秒作为单位，每经过一台路由器就用 TTL 值减去数据包在该路由器中消耗的时间，若数据包在路由器消耗的时间小于 1 秒，就用 TTL 值减 1，当 TTL 值为 0 时，就丢弃这个数据包。后来把 TTL 字段的功能改为"跳数限制"（名称不变），路由器在转发数据包之前用 TTL 值减 1，若 TTL 值为 0，就丢弃这个数据包。因此，TTL 的单位不再是秒，而是跳数，用于指明数据包在网络中至多可经过多少台路由器。显然，数据包在网络上经过的路由器的最大数量是 255。若把 TTL 的初始值设为 1，就表示这个数据包只能在本局域网中传送。

- 协议：占 8 位。协议字段用于指出此数据包携带的数据使用的协议类型，以便使目的主机的 IP 层知道应将数据部分上交给哪个处理过程。

- 首部检验和：占 16 位。这个字段只检验数据包的首部，不包括数据部分。数据包每经过一台路由器，生存时间、分片标志、片偏移等都可能发生变化，因此路由器需要重新计算首部检验和，不检验数据部分是为了减少计算工作量。

- 可选部分：可选部分的长度范围为 1～40 字节，用于支持排错、测量及安全处理。可选部分的长度如果不够 4 字节的整数倍，则用全 0 字段填充为 4 字节的整数倍。增加可选部分将增加路由器处理数据报的开销，实际上可选部分很少使用。

3.10　IPv4 地址分类

为便于对 IPv4 地址进行管理，人们将 IPv4 地址分为 A、B、C、D、E 五类，如图 3-11 所示。

在五类地址中，A、B、C 类地址被分配给网络节点和主机使用；D 类地址用作组播地址（Multicast），用来指定所分配的接收组播的节点组，组播地址只能用作目的地址，不能用作源地址；E 类地址用作试验。

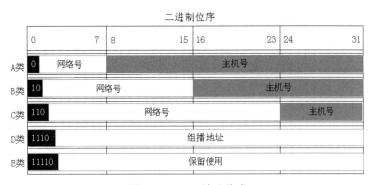

图 3-11　IPv4 地址分类

A、B、C 类地址由网络号和主机号组成。主机号全 0 的 IP 地址被称为网络地址或网段，用来区分其他网络。主机号全 1 的 IP 地址被称为广播地址，用来标识同一个网络地址的所有主机。主机号全 0 和全 1 的 IP 地址均不能分配给主机使用。

A 类地址的网络号占 1 字节（8 位），主机号占 3 字节（24 位），网络号以 $\boxed{0}$ 开始，有效网络号为 7 位，即 $\boxed{0}0000000 \sim \boxed{0}1111111$，但全 0 网络号不能用，127.*.*.* 用作本机回送地址，也不能用，即 $\boxed{0}1111111$（127）不能用，因此，A 类地址可用的最大网络数为 $2^7-2=126$ 个，对应范围为 $\boxed{0}0000001 \sim \boxed{0}1111110$，转换为十进制数是 $1 \sim 126$。A 类地址可用的最大主机数为 $2^{24}-2$。

B 类地址的网络号和主机号各占 2 字节（16 位），网络号以 $\boxed{10}$ 开始，有效网络号为 14 位，即 $\boxed{10}000000.00000000$（128.0）$\sim \boxed{10}111111.11111111$（191.255），最大网络数为 2^{14}。B 类地址可用的最大主机数为 $2^{16}-2$。

C 类地址的网络号占 3 字节（24 位），主机号占 1 字节（8 位），网络号以 $\boxed{110}$ 开始，有效网络号为 21 位，即 $\boxed{110}00000.00000000.00000000$（192.0.0）$\sim \boxed{110}11111.11111111.11111111$（223.255.255），最大网络数为 2^{21}。C 类地址可用的最大主机数为 2^8-2。

A、B、C 类地址的可用范围如表 3-1 所示。

表 3-1　A、B、C 类地址的可用范围

地址类别	可用的最大网络数	第一个可用网络号	最后一个可用网络号	每个网络中可用的最大主机数
A 类	2^7-2	1	126	$2^{24}-2$
B 类	2^{14}	128.0	191.255	$2^{16}-2$
C 类	2^{21}	192.0.0	223.255.255	2^8-2

3.11　IP 组播

IP 组播（IP Multicasting）是指通过使用 D 类地址，按照最大投递的原则，将 IP 数据包传输到一个组播组（Multicast Group）的主机集合。

IP 组播的原理是：当某主机向一组主机发送数据时，它不必将数据发送给每台主机，只需将数据发送到一个特定的预约组地址，则所有加入该组的主机均可以收到这份数据。这样发送端只需发送一次就可以将数据发送给所有接收端，大大减轻了网络负载和发送端的负担。

IP 组播允许主机子集跨越 Internet 上的任意物理网络。如图 3-12 所示，组播组 G 包含 3 台主机（A、C 和 D），主机 X 向路由器 R1 发送一份数据，然后由路由器 R1 转发给路由器 R2，路由器 R2 复制 2 份数据，一份发送给路由器 R4，一份发送给路由器 R6，以此类推，最终将数据发送给组播组 G 的主机 A、C、D。

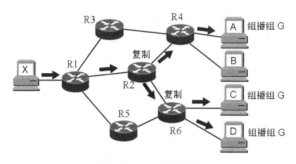

图 3-12　IP 组播原理

3.12　子网划分与子网掩码

IP 地址的固定分类在实际使用中存在问题，例如，A 类网络有 126 个，每个 A 类网络可以允许 16 777 214 台主机处在同一广播域中，而在同一广播域中不可能存在这么多节点，如果存在，则会带来广播通信饱和，导致网络效率和性能极大降低。为此，需要把网络划分为更小的网络，通过缩小网络规模来提高网络效率，这种方法被称为子网划分，划分后的子网通过子网掩码（Subnet Mask）来区分主机位和网络位。

子网掩码用长度为 32 位的二进制数来表示，从左边开始，用连续的 1 来指明 IP 地址中的网络位，用连续的 0 来指明 IP 地址中的主机位。

标准 A 类地址的网络号占 1 字节，主机号占 3 字节，对应的子网掩码为 11111111.00000000.00000000.00000000，用点分十进制表示为 255.0.0.0。

标准 B 类地址的网络号占 2 字节，主机号占 2 字节，对应的子网掩码为 11111111.11111111.00000000.00000000，用点分十进制表示为 255.255.0.0。

标准 C 类地址的网络号占 3 字节，主机号占 1 字节，对应的子网掩码为 11111111.11111111.11111111.00000000，用点分十进制表示为 255.255.255.0。

需要注意的是，子网掩码不能单独存在，必须与 IP 地址一起使用。

子网掩码和 IP 地址按位进行逻辑"与"运算，可以得到 IP 地址所在网络的网络地址。逻辑"与"（∧）的运算规则为：0∧0=0，0∧1=0，1∧1=1。

【例 3-2】某主机的 IP 地址为 222.21.160.6，子网掩码为 255.255.255.192，则该主机所在的网络地址是多少？

解：由于 255 与任何数相"与"结果仍为该数，0 与任何数相"与"结果都为 0，所以在计算时 255 和 0 对应的运算数不需要转换为二进制数。

222.21.160.6:　　　　 222.21.160.00000110

255.255.255.192:∧ 255.255.255.11000000

=　222.21.160.00000000

网络地址为 222.21.160.0。

相同的网络地址属于同一网段，可以直接通信；不同的网络地址属于不同网段，不能直接通信，如果要通信，则需要通过路由器或者三层交换机进行转发。

划分子网的方法是：从 IP 地址的主机位中借若干位来充当子网地址，从而将原网络划分为若干个子网。

【例 3-3】某单位申请到了 C 类网络地址 202.207.175.0，现要将其划分为 4 个子网供 4 个部门使用，试计算各子网的子网掩码、可供主机分配的 IP 地址数、网络地址、广播地址、可供分配的 IP 地址范围。

解：C 类地址 202.207.175.0 的网络号占 24 位，主机号占 8 位，划分 4 个子网时，由于 2^2=4，因此需从 8 位主机号中借 2 位作为子网的网络号，剩余的 6 位作为子网的主机号，划分后的 4 个子网的子网掩码均为 11111111 11111111 11111111 11000000，用点分十进制表示为 255.255.255.192，借来的 2 位与原来的 24 位网络号一起组成 26 位子网网络号。

划分后的 4 个子网的主机号为 6 位，共有 2^6=64 个地址，但全 0 和全 1 的主机号不能分配给主机使用，所以 4 个子网中可供主机分配的 IP 地址数为 2^6-2=62 个。

从主机号中借的 2 位的取值分别为 00、01、10、11。

子网 1：

IP 地址范围为 202.207.175.00000000 ～ 00111111，用点分十进制表示为 202.207.175.0～202.207.175.63，网络地址为 202.207.175.00000000，即 202.207.175.0，广播地址为 202.207.175.00111111，即 202.207.175.63，可供分配的 IP 地址范围为 202.207.175.00000001～00111110，即 202.207.175.1～202.207.175.62。

子网 2：

IP 地址范围为 202.207.175.01000000 ～ 01111111，用点分十进制表示为 202.207.175.64～

202.207.175.127，网络地址为 202.207.175.$\boxed{01}$000000，即 202.207.175.64，广播地址为 202.207.175.$\boxed{01}$111111，即 202.207.175.127，可供分配的 IP 地址范围为 202.207.175.$\boxed{01}$000001～$\boxed{01}$111110，即 202.207.175.65～202.207.175.126。

子网 3：

IP 地址范围为 202.207.175.$\boxed{10}$000000 ～ $\boxed{10}$111111，用点分十进制表示为 202.207.175.128～202.207.175.191，网络地址为 202.207.175.$\boxed{10}$000000，即 202.207.175.128，广播地址为 202.207.175.$\boxed{10}$111111，即 202.207.175.191，可供分配的 IP 地址范围为 202.207.175.$\boxed{10}$000001～$\boxed{10}$111110，即 202.207.175.129～202.207.175.190。

子网 4：

IP 地址范围为 202.207.175.$\boxed{11}$000000 ～ $\boxed{11}$111111，用点分十进制表示为 202.207.175.192～202.207.175.255，网络地址为 202.207.175.$\boxed{11}$000000，即 202.207.175.192，广播地址为 202.207.175.$\boxed{11}$111111，即 202.207.175.255，可供分配的 IP 地址范围为 202.207.175.$\boxed{11}$000001～$\boxed{11}$111110，即 202.207.175.193～202.207.175.254。

通过上述计算可以推知，若划分为 1～2 个子网，则需要从主机号中借 1 位；若划分为 3～4 个子网，则需要从主机号中借 2 位；若划分为 5～8 个子网，则需要从主机号中借 3 位；若划分为 9～16 个子网，则需要从主机号中借 4 位。

3.13 采用网络前缀法表示子网掩码

子网掩码除了可以采用点分十进制表示，还可以采用 CIDR（Classless Inter-Domain Routing，无类别域间路由选择）网络前缀法表示。

用网络前缀法表示子网掩码的形式为：IP 地址/<网络地址位数>。

例如，IP 地址 222.21.160.210 的子网掩码为 255.255.255.192，子网掩码对应的二进制数为 11111111.11111111.11111111.11000000，即网络地址为连续的 26 个 1，所以采用网络前缀法表示为 222.21.160.210/26。

【例 3-4】某网络的 IP 地址为 10.10.14.23/22，请计算该 IP 地址所在子网的网络地址，并计算该子网可以分配的 IP 地址数。

解：由 10.10.14.23/22 可知，此 IP 地址的网络号为 22 位，即前 2 个字节每一位均为 1，转换为十进制数是 255，第 3 个字节高 6 位为 1，即 11111100，转换为十进制数是 252，第 4 个字节全为 0，因此子网掩码为 11111111.11111111.11111100.00000000，用点分十进制表示为 255.255.252.0。

子网掩码和 IP 地址按位"与"的结果为网络地址，由于十进制数 255 与任何数相"与"结果仍为该数，0 与任何数相"与"结果都为 0，所以计算时 255 和 0 对应的运算数不需要转换为二进制数，IP 地址 10.10.14.23 和子网掩码 255.255.252.0 相"与"的计算过程为

```
10.10.14.23:            10.10.00001110.23
255.255.252.0:    ∧   255.255.11111100.0
                      ─────────────────────
                  =     10.10.00001100.0
```

对应十进制表示的网络地址为 10.10.12.0。

10.10.14.23/22 对应子网的主机号为 10 位（总位数 32-网络号 22=10 位），则每个子网总的 IP 地址数为 $2^{10}=1024$，主机号全 0 和全 1 的不能分配，所以可分配的 IP 地址数为 $2^{10}-2=1024-2=1022$。

【例 3-5】有 2 台主机，主机 1 的 IP 地址为 222.21.160.6/26，主机 2 的 IP 地址为 222.21.160.73/26，请判断这两台主机是否在同一网段。

解：判断两台主机是否在同一网段的方法是看两台主机所在的网络地址是否相同，如果网络地址相同，则在同一网段，否则不在同一网段。

主机 1 的 IP 地址的网络号为 26 位 1，即前三个字节每一位均为 1，转换为十进制数是 255，最后一个字节高 2 位为 1，即 11000000，所以主机 1 的子网掩码为 255.255.255.11000000。采用同样的方法可以得出主机 2 的子网掩码也是 255.255.255.11000000。

将子网掩码和 IP 地址按位"与"来计算网络地址。

```
主机 1 的子网掩码：      255.255.255.11000000
主机 1 的 IP 地址：  ∧   222.21.160.00000110
                       ──────────────────────
                   =    222.21.160.00000000
```

转换为点分十进制：222.21.160.0，即主机 1 的网络地址。

```
主机 2 的子网掩码：      255.255.255.11000000
主机 2 的 IP 地址：  ∧   222.21.160.01001001
                       ──────────────────────
                   =    222.21.160.01000000
```

转换为点分十进制：222.21.160.64，即主机 2 的网络地址。

可以看出，主机 1 和主机 2 所在的网络地址不同，所以不属于同一网段，两台主机之间的通信需要通过路由器转发来完成。

3.14　私有 IP 地址

由于 IPv4 地址中总的可供分配的 IP 地址数非常有限（约 43 亿个），为了节省 IP 地址的使用量，RFC1918 专门定义了仅可在局域网中分配和使用的 IP 地址，这些 IP 地址被称为私有 IP 地址。

A、B、C 类私有 IP 地址的范围如下。

- A 类私有 IP 地址：10.0.0.0～10.255.255.255。
- B 类私有 IP 地址：172.16.0.0～172.31.255.255。
- C 类私有 IP 地址：192.168.0.0～192.168.255.255。

如果用户规模很大，推荐使用 A 类私有 IP 地址；小规模的局域网（如家庭局域网），可以使用 C 类私有 IP 地址。

私有 IP 地址在公网（Internet）上是不能被识别的，或者说私有 IP 地址在 Internet 上是无效的，这样可以很好地隔离局域网和 Internet，但人们可以通过 NAT 技术将私有 IP 地址转换成公有 IP 地址，从而使私有 IP 地址的终端可以访问 Internet。

公有 IP 地址由 Inter NIC（Internet Network Information Center，国际互联网络信息中心）负责分配，公有 IP 地址在 Internet 范围内不允许重复使用，而私有 IP 地址在不同局域网内是可以重复使用的，从而达到节省 IP 地址资源的目的。比如，张三家的 Wi-Fi 中的手机终端使用了 192.168.0.2，李四家的 Wi-Fi 中的手机终端也可以使用 192.168.0.2，因为它们属于不同的局域网，所以可以重复使用 192.168.0.2。

每个终端（如手机、平板电脑、计算机等）上网都需要有一个 IP 地址，如果这些终端都使用公有 IP 地址，则 IP 地址肯定是不够用的，所以上网的终端使用的都是私有 IP 地址。读者可以查看自己的手机上网时（通过流量或者 Wi-Fi）分配的 IP 地址是多少，方法是选择"设置"→……→"关于手机"→"IP 地址"选项，查看到的 IP 地址如图 3-13 所示，从图 3-13 中可以看出，分配的 IPv4 地址为 10.90.141.173，需要注意的是，每次上网分配的 IP 地址可能不相同。

图 3-13　手机上网分配的 IP 地址

本章小结

本章介绍了计算机网络体系结构的概念，包括网络协议、OSI 参考模型、TCP/IP 协议、TCP/IP 协议的数据封装过程、IPv4 地址表示方法、MAC 地址表示方法、查看 IP 地址和 MAC 地址的方法、MAC 帧发送过程、IPv4 数据报结构、IPv4 地址分类、IP 组播、子网划分与子网掩码、采用网络前缀法表示子网掩码、私有 IP 地址。本章对于计算机网络的学习至关重要，读者一定要深入学习和领会。

习题

1．管理计算机通信的规则被称为（　　　）。

    A．协议　　　　　　　　　　　　B．介质

    C．服务　　　　　　　　　　　　D．网络操作系统

2．在 TCP/IP 协议中，根据 IP 地址获取相应 MAC 地址的协议是（　　　）。

    A．ARP　　　　　　　　　　　　B．RARP

    C．ICMP　　　　　　　　　　　　D．FTP

3．在 TCP/IP 地址中，根据 MAC 地址获取相应 IP 地址的协议是（　　　）。

    A．ARP　　　　　　　　　　　　B．RARP

    C．ICMP　　　　　　　　　　　　D．FTP

4．下列属于传输层协议的是（　　　）。

    A．DNS　　　　　　　　　　　　B．FTP

    C．Telnet　　　　　　　　　　　D．TCP

5．下列属于链路层协议的是（　　　）。

    A．DNS　　　　　　　　　　　　B．ARP

    C．Telnet　　　　　　　　　　　D．TCP

6．下列属于应用层协议的是（　　　）。

    A．DNS　　　　　　　　　　　　B．IP

    C．ARP　　　　　　　　　　　　D．UDP

7．下列不属于应用层协议的是（　　　）。

    A．TCP　　　　　　　　　　　　B．FTP

    C．Telnet　　　　　　　　　　　D．DNS

8. TCP/IP 协议中的 TCP 协议所提供的服务是（　　）。

    A．链路层服务   B．网络层服务

    C．传输层服务   D．应用层服务

9. 在 TCP 协议中，链路层封装后得到的是（　　）。

    A．TCP 报文   B．IP 数据报

    C．MAC 帧   D．以上都不是

10. 在 TCP 协议中，网络层封装后得到的是（　　）。

    A．IP 数据报   B．TCP 报文

    C．MAC 帧   D．以上都不是

11. 下列关于 TCP/IP 协议的说法，错误的是（　　）。

    A．在网络层可以看到 IP 地址   B．在网络层可以看到 MAC 地址

    C．在链路层可以看到 MAC 地址   D．在链路层可以看到 IP 地址

12. 标准 A 类地址的默认子网掩码是（　　）。

    A．255.255.255.128   B．255.255.0.0

    C．255.255.255.0   D．255.0.0.0

13. 标准 B 类地址的默认子网掩码是（　　）。

    A．255.255.255.128   B．255.255.0.0

    C．255.255.255.0   D．255.0.0.0

14. 标准 C 类地址的默认子网掩码是（　　）。

    A．255.255.255.128   B．255.255.0.0

    C．255.255.255.0   D．255.0.0.0

15. IPv4 的 IP 地址的位数为（　　）。

    A．32 位   B．48 位

    C．64 位   D．128 位

16. MAC 地址的位数为（　　）。

    A．32 位   B．48 位

    C．64 位   D．128 位

17. 61.2.2.2 属于（　　）地址。

    A．A 类   B．B 类

    C．C 类   D．D 类

18. 132.2.2.2 属于（　　）地址。

　　A. A 类　　　　　　　　　　　　B. B 类

　　C. C 类　　　　　　　　　　　　D. D 类

19. 202.2.2.2 属于（　　）地址。

　　A. A 类　　　　　　　　　　　　B. B 类

　　C. C 类　　　　　　　　　　　　D. D 类

20. 在下面的 IP 地址中，（　　）属于 C 类地址。

　　A. 141.0.0.0　　　　　　　　　　B. 3.3.3.3

　　C. 197.234.111.123　　　　　　　D. 23.34.45.56

21. 在 IP 地址中，网络部分和主机部分都为全 0 的地址表示（　　）。

　　A. 所有网络　　　　　　　　　　B. 特定网段的广播地址

　　C. 网络地址　　　　　　　　　　D. 本网段所有节点的广播地址

22. 以下不能作为公网 IP 地址的是（　　）。

　　A. 202.61.39.68　　　　　　　　B. 117.2.0.18

　　C. 21.18.33.4　　　　　　　　　D. 127.0.31.12

23. 以下不属于私有 IP 地址的是（　　）。

　　A. 172.21.52.6　　　　　　　　　B. 192.168.21.36

　　C. 10.26.14.73　　　　　　　　　D. 202.195.73.64

24. 某主机的 IP 地址为 10.16.14.5/27，其对应的子网掩码为（　　）。

　　A. 255.255.255.224　　　　　　　B. 255.255.255.255

　　C. 255.255.255.15　　　　　　　 D. 255.255.255.31

25. IP 地址 10.10.14.23 对应的子网掩码为 255.255.252.0，则其网络地址为（　　）。

　　A. 10.10.14.0　　　　　　　　　 B. 10.10.13.0

　　C. 10.10.12.0　　　　　　　　　 D. 10.10.10.0

26. IP 地址与其对应的子网掩码进行"与"运算后的结果为（　　）。

　　A. 网络的广播地址　　　　　　　B. 网络地址

　　C. MAC 地址　　　　　　　　　　D. 目的主机地址

27. 同一网段的两台主机的 IP 地址分别与各自的子网掩码相"与"的结果一定（　　）。

　　A. 为全 0　　　　　　　　　　　B. 为全 1

　　C. 相同　　　　　　　　　　　　D. 不同

28．网络协议的三要素为_____、_____、_____。

29．OSI 参考模型的七层结构包括_____、_____、_____、_____、_____、_____、_____。

30．TCP/IP 协议的四个层次是_____、_____、_____、_____。

31．网络地址 219.230.240.0 对应的子网掩码为 255.255.255.224，则该网络地址有_____个子网，每个子网允许有_____台主机。

32．简述 OSI 参考模型各层的功能。

33．简述 TCP/IP 协议各层的功能及其包含的主要协议。

34．在下图所示网络中，主机 A 发送数据包给主机 B，请给出数据包 1～数据包 4 的源 IP 地址、目的 IP 地址、源 MAC 地址、目的 MAC 地址。

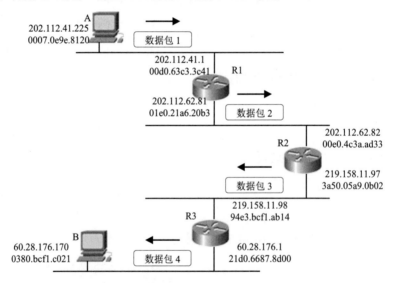

35．将 B 类地址 172.15.31.0/24 划分为 4 个子网，计算各子网的子网掩码、网络地址、广播地址、可供分配的 IP 地址范围。

36．将 A 类私有地址 10.16.14.0/24 划分为 8 个子网，计算各子网的子网掩码、网络地址、广播地址、可供分配的 IP 地址范围，然后选择一个子网，将其划分为两个子网，计算这两个子网的子网掩码、网络地址、广播地址、可供分配的 IP 地址范围。

第**4**章

网络传输设备

计算机网络的通信要依靠网络传输设备。网络传输设备包括中继器、集线器、网桥、交换机、路由器、网关，OSI 参考模型与这些网络传输设备的对应关系如表 4-1 所示。

表 4-1　OSI 参考模型与网络传输设备的对应关系

OSI 参考模型	对应的设备
第七层：应用层	网关
第六层：表示层	
第五层：会话层	
第四层：传输层	四层交换机
第三层：网络层	路由器、三层交换机
第二层：数据链路层	网桥、二层交换机
第一层：物理层	中继器、集线器

4.1　中继器

中继器（Repeater）可对信号进行放大后再重新发送，从而延长网络传输距离。图 4-1 所示为中继器的实物图。

图 4-1　中继器的实物图

中继器工作在 OSI 参考模型的物理层上，用于完全相同的两类网络的互联。中继器分为有线中继器和无线中继器，有线中继器连接两个有线网络的示意如图 4-2 所示。

图 4-2　有线中继器连接两个有线网络的示意

图 4-3 所示为无线中继器连接两个无线网络的示意，当远端无线终端距离中心 AP 较远时，需要增加一台中继 AP 进行信号中继，实现远端无线终端到中心 AP 的连接。

图 4-3　无线中继器连接两个无线网络的示意

4.2　集线器

集线器又被称为 HUB，属于 OSI 参考模型中物理层的设备，它可对接收的信号进行放大，以延长网络的传输距离。集线器相当于多端口的中继器。集线器的实物图如图 4-4 所示。

图 4-4　集线器的实物图

集线器的基本功能是信息分发，把从一个端口接收的信号向其他所有主机转发，而不是一对一地转发。如图 4-5 所示，当源主机 H4 向目的主机 H1 发送数据时，集线器不仅通过端口向目的主机 H1 转发数据，还向其他主机转发该数据。

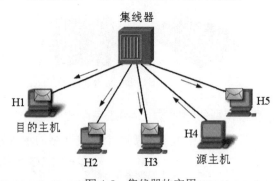

图 4-5　集线器的应用

集线器的数据传输效率低，但价格便宜，所以在早期的网络中集线器使用得较多，现在已不再使用集线器。集线器具有以下缺点。

（1）将用户数据包向所有节点发送，数据包很容易被其他人截获。

（2）集线器采用共享带宽方式，例如，两台设备连接 10Mbps 的集线器，那么每台设备只有 5Mbps 带宽。

（3）集线器采用半双工通信工作，网络通信效率低，不能满足当前网络通信的需求。

4.3 网桥

网桥（Bridge）也被称为桥接器，工作在 OSI 参考模型的数据链路层，是早期的两端口两层网络设备，用来连接不同网段。网桥各端口分别有一条独立的交换信道，不共享背板总线，可隔离冲突域。

网桥是一种对帧进行转发的技术，最简单的网桥有两个端口，复杂的网桥可以有多个端口。网桥的每个端口与一个网段相连。

网桥分为有线网桥和无线网桥。如图 4-6 所示，网络 1 和网络 2 通过有线网桥相连，网桥接收网络 1 发送的数据包，检查数据包中的 IP 地址，如果检查到的是网络 1 的 IP 地址，就将其丢弃，如果检查到的是网络 2 的 IP 地址，就将其发送给网络 2，这样就起到了隔离不同网络的作用。

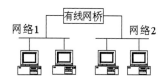

图 4-6 网桥的应用

无线网桥利用无线传输方式实现两个或多个网络之间的连接，它工作在 2.4GHz 或 5.8GHz 的免申请无线执照频段。图 4-7 所示为无线网桥在视频监控中的应用，由于各视频监控通过无线网桥连接，因此无须铺设线路，节约了施工成本。

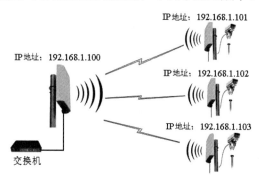

图 4-7 无线网桥在视频监控中的应用

4.4 交换机

交换机（Switch）是常用的网络设备，它能够为接入交换机的任意两个网络节点提供独享带宽的电信号通道。

交换机有多个端口，有时被称为多端口网桥，交换机的实物图如图 4-8 所示。

图 4-8　交换机的实物图

4.4.1　交换机建立 MAC 地址表的过程

与集线器不同，交换机能够实现一对一端口的数据转发。交换机内部在工作时会形成一张 MAC 地址表，该表记录了与交换机相连节点的 MAC 地址和交换机端口的对应关系，根据这张表，交换机将发往该 MAC 地址的数据包发送至其对应的端口，而不是所有端口，从而实现端口之间一对一的数据传输。

交换机建立 MAC 地址表的过程如下。

（1）当交换机从某个端口收到数据包时，先读取包头中的源 MAC 地址，由此知道源 MAC 地址的主机与交换机的哪个端口连接，从而建立源主机 MAC 地址与交换机端口的对应关系；

（2）读取数据包中的目的 MAC 地址，并在交换机 MAC 地址表中查找与目的 MAC 地址相连的端口，如果找到，则直接把数据包发送到该端口上；

（3）如果找不到，则把数据包广播到所有端口上，当目的主机对源主机做出回应时，交换机则记录这一目的 MAC 地址与哪个端口对应，下次转发数据包时就不再对所有端口进行广播，而是直接将数据包发送到该端口上。

交换机的每个端口独享全部带宽，例如，一个 100Mbps 的交换机，每个端口的带宽都是 100Mbps，如果该交换机有 24 个端口，则该交换机的总线带宽为 100Mbps×24。

4.4.2　交换机的分类

根据工作层次的不同，交换机分为二层交换机、三层交换机和四层交换机。二层交换机图标如图 4-9 所示，三层交换机图标如图 4-10 所示。

图 4-9　二层交换机图标　　　图 4-10　三层交换机图标

二层交换机工作在 OSI 参考模型的数据链路层，能够识别数据包中的 MAC 地址，只能连接同一网段的网络。

三层交换机工作在 OSI 参考模型的网络层，是二层交换机和路由器的结合，能够识别数据包中的 IP 地址和 MAC 地址。三层交换机既具有数据交换功能，也具有路由功能；既可以连接同一网段的网络，也可以连接不同网段的网络。

四层交换机是一类以软件技术为主、硬件技术为辅的网络管理交换设备，工作在 OSI 参考模型的传输层，是基于传输层数据包的交换，支持 TCP/UDP 第四层以下的所有协议，可根据 TCP/UDP 端口号来区分数据包的应用类型，从而实现应用层的访问控制和服务质量保证。

4.4.3　交换机的操作模式

交换机的操作模式有用户模式、特权模式、全局模式、端口模式。

1．用户模式

用户模式是进入交换机后的第一个操作模式。在该模式下，用户可以查看交换机的软、硬件版本信息，并进行简单的测试。

用户模式的提示符为 Switch>。

2．特权模式

特权模式是由用户模式进入的下一级模式。在该模式下，用户可以管理交换机的配置文件、查看交换机的配置信息、测试和调试网络等。

特权模式的提示符为 Switch#。

由用户模式进入特权模式的方法如下。

```
Switch>enable    //进入特权模式，enable 可简写为 en
Switch#
```

3．全局模式

全局模式是由特权模式进入的下一级模式。在该模式下，用户可以配置交换机的全局性参数，例如，命名交换机、创建 VLAN、设置特权用户密码和普通用户密码。

全局模式的提示符为 Switch(config)#。

由特权模式进入全局模式的方法以及进行的操作如下。

```
Switch#configure terminal                      //进入全局模式，configure terminal 可简写为 conf t
Switch(config)#
Switch(config)#hostname <交换机名称>            //为交换机定义名称
Switch(config)#enable secret <特权用户密码>      //设置特权用户密码
//进入远程虚拟终端配置模式，0~15 表示可以使用 16 个 vty 线程，第一个数字必须是 0，否则远
```

```
//程登录不上去
Switch(config)#line vty 0 15
Switch(config-line)#password<普通用户密码>        //设置普通用户密码
Switch(config-line)#login local                 //设置本地远程登录
```

4．端口模式

端口模式是由全局模式进入的下一级模式。在该模式下，用户可以对交换机的端口参数进行配置，如划分 VLAN、设置端口速率和工作模式等，配置完成后需要激活端口才能使用。

端口模式的提示符为 Switch(config-if)#。

由全局模式进入端口模式的方法如下。

```
Switch(config)#interface [端口标识]        // interface 可简写为 int
```

以太网的端口标识为"ethernet 面板号/端口号"，ethernet 可简写为 e，例如，"e0/1"表示 0 号面板的 1 号以太网端口。快速以太网的端口标识为"fastethernet 面板号/端口号"，fastethernet 可简写为 f，例如，"f1/2"表示 1 号面板的 2 号快速以太网端口。吉比特以太网的端口标识为"gigabitethernet 面板号/端口号"，gigabitethernet 可简写为 g，例如，"g0/1"表示 0 号面板的 1 号吉比特以太网端口。进入 0 号面板的 3 号快速以太网端口的命令为 int f0/3。

5．返回命令

exit 命令表示退回上一级操作模式。

end 命令表示用户从特权模式以下级别直接返回特权模式。

需要注意的是，用户可以不对交换机进行配置而直接使用，通常为了管理方便，用户也可以为交换机配置一个 IP 地址，用于远程管理。

4.5 路由器

路由器（Router）工作在 OSI 参考模型的网络层，用于对不同网络之间的数据包进行存储、分组转发处理。图 4-11 所示为路由器的实物图和图标。

图 4-11 路由器的实物图和图标

路由器用于不同网段之间的数据通信，能够从网络层的数据包中提取目的 IP 地址，然后根据目的 IP 地址和路由规则转发数据。

路由器是 Internet 的主要节点设备，构成了 Internet 的主体脉络。局域网通过路由器

接入 Internet，这时的路由器被称为边界路由器。如图 4-12 所示，学校网络通过路由器 R1
接入 CERNET，通过路由器 R2 接入 ChinaNET，路由器 R1、R2 被称为学校网络的边界
路由器。

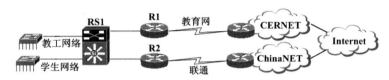

图 4-12　学校网络通过路由器接入 Internet

4.5.1　路由器端口 IP 地址的配置原则

路由器必须配置端口 IP 地址和相应路由协议之后才能工作，路由器端口 IP 地址的配
置需满足以下原则。

（1）路由器的每一个端口均需要有 IP 地址。

（2）相邻路由器连接端口的 IP 地址需在同一网段。在图 4-13 中，路由器 A 的 s0 端
口连接路由器 B 的 s1 端口，这两个端口的 IP 地址必须在同一网段，它们均在 192.168.2.0
网段。

（3）同一路由器的不同端口必须在不同网段。在图 4-13 中，路由器 A 的 f0 端口和 s0
端口必须在不同网段，f0 端口在 192.168.1.0 网段，s0 端口在 192.168.2.0 网段。

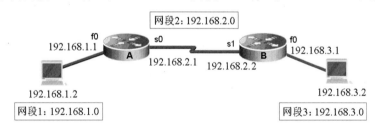

图 4-13　路由器端口 IP 地址的配置原则

需要特别注意的是，不同网段的 IP 地址（主机）是不能直接通信的，即便它们的距
离非常近，也不能直接通信，只能通过路由器转发数据来通信。

4.5.2　路由器的操作模式

路由器的操作模式有用户模式、特权模式、全局模式、端口模式。

1．用户模式

用户模式是进入路由器后的第一个操作模式。在该模式下，用户可以查看路由器的
软、硬件版本信息，并进行简单的测试。

用户模式的提示符为 Router>。

2．特权模式

特权模式是由用户模式进入的下一级模式。在该模式下，用户可以管理路由器的配置文件、查看路由器的配置信息、测试和调试网络等。

特权模式的提示符为 Router#。

由用户模式进入特权模式的方法如下。

```
Router>enable    //进入特权模式，enable 可简写为 en
Router#
```

3．全局模式

全局模式是由特权模式进入的下一级模式。在该模式下，用户可以配置路由器的全局性参数，例如，命名路由器、设置特权用户密码和普通用户密码等。

全局模式的提示符为 Router(config)#。

由特权模式进入全局模式的方法以及进行的操作如下。

```
Router#configure terminal                    //进入全局模式，configure terminal 可简写为 conf t
Router(config)#
Router(config)#hostname<路由器名称>           //为路由器定义名称
Router(config)#enable secret<特权用户密码>     //设置特权用户密码
//开启远程登录，0~15 表示可以使用 16 个 vty 线程，第一个数字必须是 0，不然远程登录不上去
Router(config)#line vty 0 15
Router(config-line)#username<用户名>password<密码>    //设置用户名和密码
Router(config-line)#login local               //设置本地远程登录
```

4．端口模式

端口模式属于全局模式的下一级模式。在该模式下，用户可以对路由器的端口参数进行配置。

端口模式的提示符为 Router(config-if)#。

由全局模式进入端口模式的方法如下。

```
Router(config)#interface [端口标识]                    // interface 可简写为 int
```

进入路由器的具体端口后可以设置端口 IP 地址，方法如下。

```
Router(config-if)#ip address [IP 地址] [IP 地址对应的子网掩码]  //address 可简写为 add
```

第一次设置端口后需要激活才能生效，激活端口的方法如下。

```
Router(config-if)#no shutdown    //可简写为 no sh
```

为路由器 0 号面板的 3 号快速以太网端口设置 IP 地址 192.168.1.2 的命令如下。

```
Router(config)#int f0/3
Router(config-if)#ip add 192.168.1.2 255.255.255.0
Router(config-if)#no sh    //激活端口
```

5．返回命令

exit 命令表示退回上一级操作模式。

end 命令表示用户从特权模式以下级别直接返回特权模式。

4.6　使用超级终端配置交换机和路由器

在使用超级终端配置交换机和路由器时，需要将设备的 CONSOLE 端口与计算机的 COM 端口连接。CONSOLE 端口在交换机、路由器的前面板或后面板中，如图 4-14 所示的 CONSOLE 端口是水晶头端口。高端设备会有多个 CONSOLE 端口，每块板卡对应一个 CONSOLE 端口。

图 4-14　CONSOLE 端口

用户也可以借助 USB 转串口线来连接计算机的 USB 端口和设备的 CONSOLE 端口。通过 USB 转串口线连接设备后，可能还需要在计算机中安装 USB 转串口的驱动，否则超级终端无法识别设备。安装完成后，可以在设备管理器中查看 USB 转串口设备，如图 4-15 所示。记住，COM 端口的数字编号是 COM6，下面要用到。

图 4-15　查看 USB 转串口设备

下面来运行超级终端的可执行文件 hypertrm.exe，如果计算机中没有安装这个程序，则可以下载一个。运行 hypertrm.exe 文件后，在弹出的界面中输入名称，如 test，然后单击"下一步"按钮，在"连接到"对话框的"连接时使用"下拉列表中选择"COM6"选项，如图 4-16 所示。

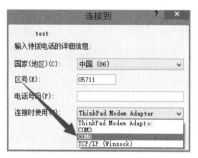

图 4-16　配置超级终端

在设置 COM6 端口连接参数时，将"位/秒"设置为"9600"，将"数据流控制"设置为"无"，如图 4-17 所示，单击"确定"按钮进行连接，连接后会出现如图 4-18 所示的界面，按回车键，如果输出内容就说明连接成功了，连接成功后即可执行命令进行操作。

图 4-17　设置 COM6 端口连接参数　　　图 4-18　单击"确定"按钮后的界面

4.7　网关

网关（Gateway）又被称为网间连接器或协议转换器，是一种承担转换重任的计算机系统或设备，是传输层及以上功能层的互联设备。

按照不同的分类标准，网关有多种类型。TCP/IP 协议里的网关是最常用的，它是一个网络通向其他网络的 IP 地址，具体来说，就是网络连接的路由器端口地址。如图 4-19 所示，主机 H1～H3 的网关为路由器 R1 左侧端口 f0 的 IP 地址 192.168.1.1，主机 H4～H6 的网关为路由器 R1 右侧端口 f1 的 IP 地址 192.168.2.1。

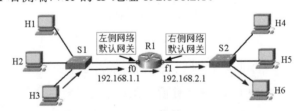

图 4-19　网络拓扑结构

在图 4-19 中，主机 H3 向主机 H6 发送数据时，由于两台主机分别属于两个不同的网络，数据包首先被发送到左侧网络的网关 192.168.1.1，路由器 R1 收到数据包后通过端口 f1 将数据包发送给交换机 S2，最后由交换机 S2 发送给主机 H6。

本章小结

本章介绍了网络传输设备，包括中继器、集线器、网桥、交换机、路由器和网关，重点介绍了交换机和路由器的操作模式及命令、路由器端口 IP 地址的配置原则，以及使用超级终端配置交换机和路由器的方法。交换机和路由器是网络通信的核心设备，读者一定要掌握它们的操作命令。

习题

1. 下列属于 OSI 参考模型中物理层设备的是（　　　）。

  A．中继器　　　　　　　　　　　　B．路由器

  C．交换机　　　　　　　　　　　　D．以上都不是

2. 下列属于 OSI 参考模型中数据链路层设备的是（　　　）。

  A．交换机　　　　　　　　　　　　B．路由器

  C．集线器　　　　　　　　　　　　D．以上都不是

3. 下列属于 OSI 参考模型中网络层设备的是（　　　）。

  A．交换机　　　　　　　　　　　　B．路由器

  C．网关　　　　　　　　　　　　　D．以上都不是

4. 下列属于 OSI 参考模型中应用层设备的是（　　　）。

  A．网关　　　　　　　　　　　　　B．路由器

  C．交换机　　　　　　　　　　　　D．以上都不是

5. 100Mbps 的集线器有 8 个端口，当 8 个端口均接入终端时，每个端口的速率为（　　　）。

  A．100Mbps　　　　　　　　　　　B．12.5Mbps

  C．5Mbps　　　　　　　　　　　　D．800Mbps

6. 100Mbps 的交换机有 8 个端口，每个端口的速率为（　　　）。

  A．100Mbps　　　　　　　　　　　B．12.5Mbps

  C．5Mbps　　　　　　　　　　　　D．800Mbps

7. 局域网通过（　　　）接入 Internet。

  A．路由器　　　　　　　　　　　　B．中继器

  C．交换机　　　　　　　　　　　　D．集线器

8. 既具有数据交换功能又具有路由功能的设备是（　　　）。

  A．二层交换机　　　　　　　　　　B．三层交换机

  C．路由器　　　　　　　　　　　　D．集线器

9. 不能用于连接同一网段的网络的设备是（　　　）。

  A．二层交换机　　　　　　　　　　B．三层交换机

C. 路由器   D. 集线器

10. 局域网与广域网、广域网与广域网的互联通过（   ）实现。

    A. 服务器   B. 网桥

    C. 路由器   D. 交换机

11. 在下列说法中，错误的是（   ）。

    A. 二层交换机用于连接同一网段的网络

    B. 三层交换机既可以用于连接同一网段的网络，也可以用于连接不同网段的网络

    C. 路由器用于连接不同网段的网络

    D. 集线器用于连接不同网段的网络

12. 如下图所示，路由器 R1 的 f0/1 端口的 IP 地址为 39.41.62.1/24，在以下地址中可以作为路由器 R2 的 g0/1 端口的 IP 地址的是（   ）。

    A. 39.53.62.2/24   B. 39.41.62.5/24

    C. 39.41.63.2/24   D. 39.53.62.3/24

13. 在上图中，右侧网络的网关是（   ）。

    A. 路由器 R1 的 f0/0 端口的 IP 地址   B. 路由器 R1 的 f0/1 端口的 IP 地址

    C. 路由器 R2 的 g0/0 端口的 IP 地址   D. 路由器 R2 的 g0/1 端口的 IP 地址

14. 中继器、集线器、网桥、交换机、路由器、网关分别对应 OSI 参考模型的哪一层？

15. 路由器端口 IP 地址的配置原则是什么？

16. 给出交换机由用户模式进入特权模式、全局模式、端口模式的命令。

17. 给出路由器由用户模式进入特权模式、全局模式、端口模式的命令。

第 5 章
交换和路由技术

从网络覆盖范围来看，计算机网络由局域网、城域网和广域网组成。局域网是计算机网络的末端网络，是用户直接触及的网络。以太网是目前应用最普遍的局域网技术，在局域网市场中取得了垄断地位，几乎成了局域网的代名词。

5.1 局域网的特性

局域网是指将小区域内的各种通信设备连接在一起的通信网络。局域网的主要特点如下。

- 网络覆盖区域相对较小，一般在几十米到几千米之间。
- 数据传输速率高，当前主流的传输速率有 100Mbps、1000Mbps、10Gbps。
- 误码率低，一般在 $10^{-11} \sim 10^{-8}$ 范围内。

局域网的特性主要取决于以下因素。

- 传输介质：局域网常用的传输介质有双绞线、同轴电缆、光纤，以及微波、红外线和激光等无线传输媒体，不同的传输介质具有不同的数据传输速率。
- 网络拓扑结构：局域网的典型网络拓扑结构有总线型、环型、星型、扩展星型、树状和网状。
- 媒体访问控制方法：多台计算机对传输媒体的访问控制方法。

5.2 LLC 和 MAC 子层

IEEE 802 委员会在局域网的数据链路层定义了两个子层，即逻辑链路控制（Logical Link Control，LLC）子层和媒体访问控制（Medium Access Control，MAC）子层。

LLC 子层是局域网中数据链路层的上层部分，用于实现传输的可靠性保障和控制、数据包的分段与重组等。LLC 子层规定了三种类型的链路服务。

（1）无连接服务。在这种类型下，发送的数据不能保证接收端一定会接收成功。

（2）面向连接服务。该类型支持可靠数据传输，提供了四种服务，即建立连接、确认和承认响应、差错恢复、滑动窗口。通过改变滑动窗口可以提高数据传输速率。

（3）无连接应答响应服务。LLC 子层的下面是 MAC 子层。MAC 子层用于实现数据帧的封装和卸装、数据帧的寻址和识别、数据帧的接收与发送、链路的管理、数据帧的差错控制等。MAC 子层屏蔽了不同物理链路的差异性。

MAC 子层的主要功能包括介质的访问控制、数据链路层中数据帧的寻址和识别、数据帧校验序列的产生和检验。

MAC 子层分配单独的局域网地址，就是通常所说的 MAC 地址（物理地址）。MAC 子层将目的计算机的物理地址添加到数据帧上，当数据帧传递到对端的 MAC 子层后，它检查该数据帧中的地址是否与自己的地址相匹配，如果数据帧中的地址与自己的地址不匹配，就将这一数据帧抛弃；如果匹配，就将它发送到上一层。

5.3 CSMA/CD 协议

以太网属于总线型局域网，采用 CSMA/CD（Carrier Sense Multiple Access with Collision Detection，带冲突检测的载波监听多路访问）介质访问控制方法。CSMA/CD 包括如下内容。

（1）载波监听（Carrier Sense）：任意一站要发送信息时，首先要监测总线，以此来判断介质上是否有其他站在发送信号。如果介质状态忙，则继续监测，直到发现介质空闲。如果监测到介质为空闲，则可以立即发送。

（2）多路访问（Multiple Access）：网络上的所有主机收发数据共同使用同一条总线，并且数据是以广播方式发送的。

（3）冲突检测（Collision Detection）：每个站在发送数据帧期间，同时具有检测冲突的能力。一旦检测到冲突，就立即停止发送，并向总线上发送一串阻塞信号，通报总线上各站已发生冲突。

5.4 以太网的层次设计

以太网采用层次设计以提高效率和优化功能，通常包含接入层、分布层、核心层三个层次，如图 5-1 所示。接入层用于实现终端用户接入网络，分布层用于实现不同接入层网络之间的数据通信，核心层用于实现多个网络之间的高速数据传输。

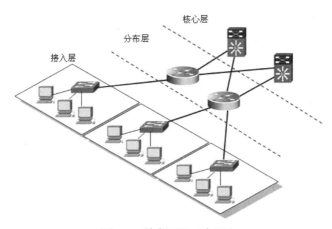

图 5-1　以太网的三个层次

5.4.1　接入层

接入层是网络中最基本的层级，用于实现终端用户设备接入网络。终端用户设备通过集线器或二层交换机连接至接入层。

1. 冲突域

一台主机向另一台主机发出信号时，除目的主机外，其他能收到这个信号的主机构成一个冲突域。冲突域发生在 OSI 参考模型的物理层。

集线器的所有端口都在同一个冲突域内。如图 5-2 所示，H4 向 H1 发送信息时，集线器的每个端口都会将此信息转发给相连的主机，因此与集线器相连的主机就构成了一个冲突域。

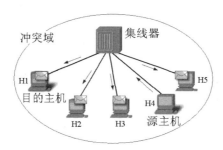

图 5-2　与集线器相连的主机构成一个冲突域

当连接集线器的多台主机同时发送数据时，电信号会在集线器中相互冲突，造成数据损坏，由于集线器无法对数据进行解码，因此检测不到数据是否损坏，从而导致损坏的数据会继续在端口转发。

当发生冲突时，发送主机将处于等待状态，然后再次尝试发送。当连接集线器的主机数量增加时，冲突的概率会增大，冲突越多，重新发送的次数就越多，过多的发送次数会阻塞网络，降低网络通信速度。

由于集线器的效率不高且安全性不足，因此目前接入层已不再使用集线器。

2．广播域

广播域是指接入层中的一台主机发出广播数据后，其他主机能接收这个信号的范围。广播数据是指数据包中目的 IP 地址的主机标识段全为 1，例如，网段 10.1.1.0/24 的主机标识段占 8 位，因此其广播地址为 10.1.1.255，255 代表 8 位主机标识段全为 1。

广播域基于 OSI 参考模型的数据链路层，一个网段是一个广播域。

集线器的所有端口都在同一个广播域和冲突域内；交换机的所有端口都在同一个广播域内，而每一个端口又是一个单独的冲突域。

5.4.2　分布层

随着网络的扩大，为了提高网络效率，通常将一个本地网络分成多个接入层网络，一个接入层网络为一个网段，各接入层网络通过路由器连接形成分布层。

分布层用于实现不同接入层网络之间的数据通信。分布层通常采用的设备是路由器，它能够从网络层的数据包中读取 IP 地址，然后根据目的 IP 地址和路由规则转发数据。

图 5-3 所示为三个接入层网络构成的分布层，三个接入层网络分别为 192.168.1.0、192.168.2.0、192.168.3.0，这三个接入层网络通过路由器进行网间通信。

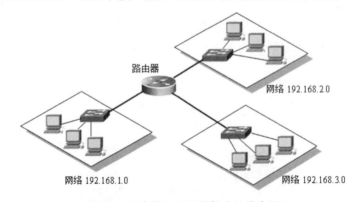

图 5-3　三个接入层网络构成的分布层

需要注意的是，路由器只允许发往其他网络的数据包通过，源 IP 地址和目的 IP 地址是同一个网络的数据包不经过路由器转发，这样的数据包由交换机负责转发。

5.4.3　核心层

核心层用于实现多个网络之间的高速数据传输。核心层通常采用的设备是三层交换机，它既能实现网际间的数据路由，也能实现局域网内部数据的快速转发。

单纯使用二层交换机不能实现网际间的互访，单纯使用路由器因其端口数量有限和路由转发速度慢，会限制网络速度和网络规模，所以核心层采用三层交换机。图 5-4 所示为由二层交换机和三层交换机组成的高效扁平网络结构。

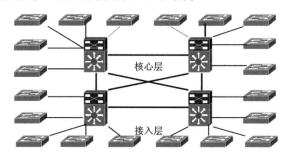

图 5-4　由二层交换机和三层交换机组成的高效扁平网络结构

5.5　VLAN

VLAN（Virtual Local Area Network，虚拟局域网）是由局域网网段构成的与物理位置无关的逻辑组。每个 VLAN 中的设备和用户不受物理位置的限制，用户可以根据功能、部门及应用等因素将设备组织起来，它们之间的通信就像在同一网段中一样，不同 VLAN 相互隔离，从而提高网络的安全性。

如图 5-5 所示的网络包含了三个虚拟局域网，即 VLAN1、VLAN2 和 VLAN3。当 B1 向 VLAN2 工作组内的成员发送数据时，只有 VLAN2 中的成员 B2 和 B3 会收到 B1 的广播信息，VLAN1 中的 A1～A3 和 VLAN3 中的 C1～C3 都不会收到 B1 发出的广播信息。由此可见，一个 VLAN 就是一个广播域，VLAN 限制了接收广播信息的主机数，降低了产生广播风暴的风险。

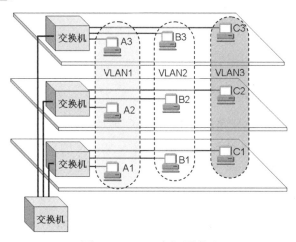

图 5-5　VLAN 虚拟局域网

每一个 VLAN 帧都有一个标识符，被称为 VLAN 标记（Tag），长度为 4 字节，用来指明发送这个帧的主机属于哪一个 VLAN，如图 5-6 所示，其中，FCS 为帧校验序列（Frame

Check Sequence）字段，该字段的作用是把帧头的所有字段提取出来，使用 md5 进行哈希计算，得出的值填入 FCS 中，接收端收到数据后再把帧头提取出来，通过 md5 计算，得出一个新的 FCS 字段并与原 FCS 字段进行比较，若两者一样则说明数据完整，若不一样则丢弃。

图 5-6　VLAN 帧中的 VLAN 标记

5.5.1　VLAN 的划分方法

VLAN 的划分方法有很多种，这里我们介绍常见的划分方法。

1．基于端口的 VLAN

基于端口的 VLAN 是指将交换机端口划分到不同 VLAN 中。在这种方式下，VLAN 只与交换机端口（即接入的物理位置）有关，与主机 MAC 地址和 IP 地址无关，如图 5-7 所示。

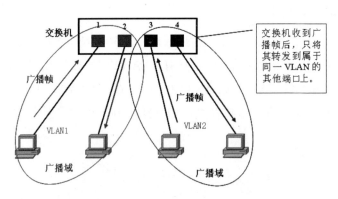

图 5-7　基于端口的 VLAN

2．基于 MAC 地址的 VLAN

基于 MAC 地址的 VLAN 是指将主机 MAC 地址划分到不同 VLAN 中。在这种方式下，VLAN 只与主机 MAC 地址有关，与主机接入 VLAN 的交换机端口（即接入的物理位置）和 IP 地址无关。

3．基于 IP 地址的 VLAN

基于 IP 地址的 VLAN 是指将主机 IP 地址划分到不同 VLAN 中。在这种方式下，VLAN 只与主机 IP 地址有关，与主机接入 VLAN 的交换机端口（即接入的物理位置）和 MAC 地址无关。

4．基于组播的 VLAN

基于组播的 VLAN 用于解决路由器为不同 VLAN 重复复制多份数据的问题。如图 5-8 所示，在传统的组播方式下，属于不同 VLAN 的主机 Host A、Host B 和 Host C 同时点播同一组播组时，路由器 Router A 需要为每个 VLAN 复制一份组播数据，共需要复制 3 份发送给交换机 Switch A，这样既造成了带宽的浪费，也给路由器增加了额外的负担。

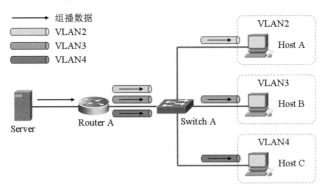

图 5-8　传统组播方式

如图 5-9 所示，使用组播 VLAN 后，需要在交换机 Switch A 上配置组播 VLAN，路由器 Router A 只需复制一份组播数据发送给 Switch A，而不必为每个 VLAN 都复制一份，从而节省了网络带宽，也减轻了上游路由器的负担。

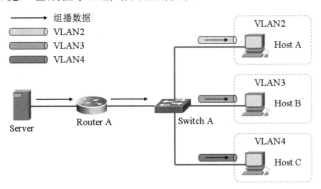

图 5-9　基于组播的 VLAN

5.5.2　创建 VLAN

在交换机全局模式下创建 VLAN，创建后可以为 VLAN 命名，命令如下。

```
Switch(config)#vlan [VLAN 号]
Switch(config-vlan)#name [VLAN 名称]        //命名 VLAN
```

需要说明的是，交换机中已经内置了编号为 1 的 VLAN，即 VLAN1，并且所有端口默认都属于 VLAN1。

5.5.3 设置交换机的 Access 端口和 Trunk 端口

交换机的端口类型主要有 Access 和 Trunk 两种。

1．Access 端口（访问端口）

Access 端口用于交换机与计算机的连接，一个 Access 端口只能转发一个 VLAN 的数据。交换机的端口默认为 Access 端口。

将交换机的端口设置为 Access 端口的命令如下。

```
Switch(config)#int [端口标识]              //进入端口
Switch(config-if)#switchport mode access  //将端口定义为 Access 端口
```

在上述命令中，switchport 可简写为 sw，mode 可简写为 mo，access 可简写为 acc。

2．Trunk 端口（汇聚端口）

Trunk 端口用于交换机之间的连接，符合条件的 VLAN 都可以通过 Trunk 端口。

将交换机的端口定义为 Trunk 端口的命令如下。

```
Switch(config)#int [端口标识]              //进入端口
Switch(config-if)#switchport mode trunk   //将端口定义为 Trunk 端口，trunk 可简写为 tr
```

将端口定义为 Trunk 端口后，所有 VLAN 默认都可以通过该端口。用户可以为 Trunk 端口自定义放通的 VLAN，命令如下。

```
Switch(config-if)#switchport trunk allowed vlan add [VLAN 号]
```

需要特别注意的是，上述命令在执行时会先删除之前所有的 VLAN 放通设置，再添加指定 VLAN 号的 VLAN 放通设置。

例如，VLAN1 和 VLAN2 原来是放通的，执行 switchport trunk allowed vlan add 2 命令后，VLAN1 将不能通过 Trunk 端口，只有 VLAN2 才能通过 Trunk 端口。

再如，执行 switchport trunk allowed vlan add 2,3 命令后，只允许 VLAN2、VLAN3 通过 Trunk 端口，其他 VLAN 均不能通过。

用户可以删除已经放通的 VLAN，命令如下。

```
Switch(config-if)#switchport trunk allowed vlan remove [VLAN 号]
```

需要注意的是，上述命令不改变其他 VLAN 的放通设置。

5.5.4 为 VLAN 设置 IP 地址

VLAN 可作为交换机的虚接口使用，使用时用户需要为 VLAN 设置 IP 地址，命令如下。

```
Switch(config)#int vlan [VLAN 号]                              //进入 VLAN
Switch(config-if)#ip address [IP 地址] [IP 地址对应的子网掩码] //设置 IP 地址和其对应的子网掩码
Switch(config-if)#no shutdown                                 //开启虚接口，no shutdown 可简写为 no sh
```

5.5.5 单交换机配置 VLAN

如图 5-10 所示，交换机定义了两个 VLAN，即 VLAN1 和 VLAN2，交换机端口 f0/1 和 f0/2 被划分到 VLAN2 中；f0/3 和 f0/4 被划分到 VLAN1 中。

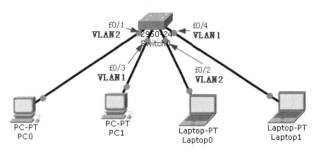

图 5-10　单交换机配置 VLAN

由于交换机中内置了 VLAN1，并且所有端口默认都属于 VLAN1，因此只需要定义 VLAN2 并将 f0/1 和 f0/2 端口划分到 VLAN2 中。

（1）为交换机创建 VLAN2。

```
Switch>en                      //进入特权模式
Switch#conf t                  //进入全局模式
Switch(config)#vlan2           //创建 VLAN2
Switch(config-vlan)#exit       //退出
Switch(config)#
```

（2）将 f0/1 端口划分到 VLAN2 中。

```
Switch(config)#int f0/1                       //进入 f0/1 端口
Switch(config-if)#switchport access vlan2     //将 f0/1 端口划分到 VLAN2 中
Switch(config-if)#exit
Switch(config)#
```

（3）将 f0/2 端口划分到 VLAN2 中。

```
Switch(config)#int f0/2
Switch(config-if)#switchport access vlan2
Switch(config-if)#exit
Switch(config)#
```

完成以上配置后，还需要为各台计算机设置 IP 地址和子网掩码，才能实现各 VLAN 成员之间的通信。例如，用 C 类地址进行配置，假设 PC0 为 192.168.1.2，PC1 为 192.168.1.3，Laptop0 为 192.168.1.4，Laptop1 为 192.168.1.5，各地址对应的子网掩码均为 255.255.255.0。

然后用 PC0 ping PC1，检查两者是否连通，命令如下。

```
ping 192.168.1.3
```

结果应该为 PC0 与 PC1 不连通，因为两者不属于同一 VLAN，与 PC1 连接的 f0/3 端口属于默认的 VLAN1，而与 PC0 连接的 f0/1 端口属于 VLAN2。

最后用 PC0 ping Laptop0，检查两者是否连通，命令如下。

```
ping 192.168.1.4
```

结果应该为 PC0 与 Laptop0 连通，因为两者都属于 VLAN2。

5.5.6 跨交换机配置 VLAN

跨交换机配置 VLAN 是指在不同交换机中建立若干 VLAN，实现各自 VLAN 成员间的通信。配置时需要将交换机的级联端口设置为 Trunk 模式，从而允许多个 VLAN 通过 Trunk 端口。

在如图 5-11 所示的网络拓扑结构中，PC0 通过 f0/1 端口接入交换机 Switch0，Laptop1 通过 f0/2 端口接入交换机 Switch1。

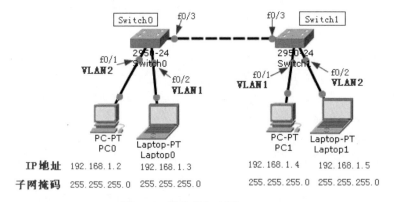

图 5-11　跨交换机配置 VLAN

在图 5-11 中，PC0 和 Laptop1 跨 Switch0 和 Switch1 实现 VLAN 通信需满足以下条件。

（1）在 Switch0 和 Switch1 中均要创建 VLAN2。

（2）Switch0 的 f0/1 端口和 Switch1 的 f0/2 端口均要划分到 VLAN2 中。

（3）两台交换机的级联端口（Switch0 的 f0/3 和 Switch1 的 f0/3）需设置为 Trunk 端口。

配置命令如下。

（1）在交换机 Switch0 中创建 VLAN2。

```
Switch>en                        //进入特权模式
Switch#conf t                    //进入全局模式
Switch(config)#vlan2             //创建 VLAN2
Switch(config-if)#exit
Switch(config)#
```

（2）将与 PC0 连接的 Switch0 的 f0/1 端口划分到 VLAN2 中。

```
Switch(config)#int f0/1
Switch(config-if)#switchport access vlan2        //将 f0/1 端口划分到 VLAN2 中
Switch(config-if)#exit
Switch(config)#
```

（3）将 Switch0 的 f0/3 端口设置为 Trunk 端口。

```
Switch(config)#int f0/3
Switch(config-if)#switchport mode trunk
```

（4）在交换机 Switch1 中创建 VLAN2。

```
Switch>en                    //进入特权模式
Switch#conf t                //进入全局模式
Switch(config)#vlan2         //创建 VLAN2
Switch(config-if)#exit
Switch(config)#
```

（5）将与 Laptop1 连接的 Switch1 的 f0/2 端口划分到 VLAN2 中。

```
Switch(config)#int f0/2
Switch(config-if)#switchport access vlan2        //将 f0/2 端口划分到 VLAN2 中
```

（6）将 Switch1 的 f0/3 端口设置成 Trunk 端口。

```
Switch(config)#int f0/3
Switch(config-if)#switchport mode trunk
```

需要说明的是，交换机的 Trunk 端口具有自动协商功能，将 Switch0 的 f0/3 端口设置成 Trunk 端口后，与其连接的 Switch1 的 f0/3 端口会自动协商为 Trunk 端口，因此可以不设置第（6）步。

完成以上配置后，还需要设置各台计算机的 IP 地址和子网掩码，然后验证 PC0 是否可以 ping 通 Laptop1，PC0 是否可以 ping 通 PC1，Laptop0 是否可以 ping 通 PC1。

5.6 路由技术

路由（Routing）是指选择一条将数据分组从源地址发送到目的地址所需要经过的路径，其工作在 OSI 参考模型的网络层。

在图 5-12 中，从路由器 A 到路由器 E 有 5 条路径，即 A→C→E、A→D→E、A→B→D→E、A→B→D→C→E、A→D→C→E。当 X 访问 Y 的请求数据包到达路由器 A 时，A 进行路径选择和包交换，例如，选择路径 A→C→E 时，A 的 f0 端口接收数据包，再将该数据包转发到 s0 端口，最后将该数据包传输到 E，由 E 通过 f0 端口发给 Y。

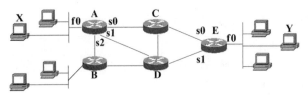

图 5-12　路由中的路径选择

路由分为直连路由（Direct Routing）、静态路由（Static Routing）和动态路由（Dynamic Routing）。

5.6.1　直连路由

与路由器端口相连的网络被称为直连路由，用字母 C 表示直连路由。

在图 5-13 中，包含三个直连路由，例如，去往 192.164.1.0 网络的数据通过端口 f0 转发，去往 192.164.2.0 网络的数据通过端口 f1 转发。

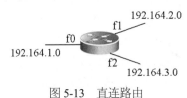

图 5-13　直连路由

直连路由不需要用户维护，也不需要使用路由器通过某种算法计算获得，只需配置端口的 IP 地址并使其处于启用状态即可。

5.6.2　静态路由

静态路由是指通过手动配置的固定路由，用字母 S 表示静态路由。

如图 5-14 所示，在路由器 A 中手动添加路由信息，告诉 A 通过 A 的 s0 端口去往 202.99.4.0，反过来，在路由器 B 中手动添加路由信息，告诉 B 通过 B 的 s0 端口去往 192.164.10.0。

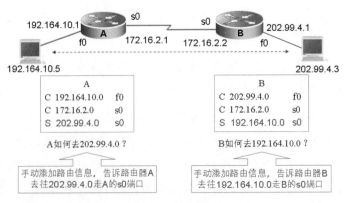

图 5-14　静态路由

在全局模式下配置静态路由，配置命令如下。

router(config)#ip route [目标网络地址] [目标网络子网掩码] [本地路由器端口序号或者下一跳路由器端口 IP 地址]

删除静态路由的命令如下。

router(config)#no ip route [目标网络地址] [目标网络子网掩码] [本地路由器端口序号或者下一跳路由器端口 IP 地址]

在图 5-14 中，左侧网络访问右侧网络时，A 的静态路由配置命令如下。

ip route 202.99.4.0 255.255.255.0 serial 0   //A 将数据交给自己的 s0 端口

或者：

//A 将数据交给 172.16.2.2，即路由器 B 的 s0 端口的 IP 地址
ip route 202.99.4.0 255.255.255.0 172.16.2.2

删除上述静态路由的命令如下。

no ip route 202.99.4.0 255.255.255.0 serial 0

或者：

no ip route 202.99.4.0 255.255.255.0 172.16.2.2

在图 5-14 中，右侧网络访问左侧网络时，B 的静态路由配置命令如下。

ip route 192.164.10.0 255.255.255.0 serial 0   //B 将数据交给自己的 s0 端口

或者：

//B 将数据交给 172.16.2.1，即路由器 A 的 s0 端口的 IP 地址
ip route 192.164.10.0 255.255.255.0 172.16.2.1

5.6.3　默认路由

默认路由是一种特殊的静态路由，用在末端网络（也被称为 stub 网络）中，这种网络只有一个出口，如图 5-15 所示。

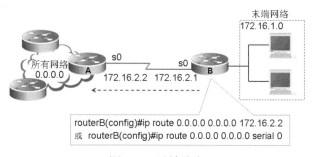

图 5-15　默认路由

配置默认路由的命令如下。

router(config)#ip route 0.0.0.0 0.0.0.0 [本地路由器端口序号或者下一跳路由器端口 IP 地址]

第一个 0.0.0.0 表示任意网络地址（即 Internet），第二个 0.0.0.0 表示任意子网掩码。

删除默认路由的命令如下。

router(config)#no ip route 0.0.0.0 0.0.0.0 [本地路由器端口序号或者下一跳路由器端口 IP 地址]

在图 5-15 中，配置路由器 B 的默认路由的命令如下。

ip route 0.0.0.0 0.0.0.0 172.16.2.2

或者：

ip route 0.0.0.0 0.0.0.0 serial 0

删除上述默认路由的命令如下。

no ip route 0.0.0.0 0.0.0.0 172.16.2.2

或者：

no ip route 0.0.0.0 0.0.0.0 serial 0

静态路由的优点是简单、高效、可靠，但由于静态路由不能对网络的变化做出动态调整，因此一般用于规模不大、拓扑结构固定的网络中。

5.6.4 动态路由

动态路由通过路由信息的交换自动生成并维护路由信息，当网络拓扑结构改变时，动态路由可以自动更新路由表，并负责决定数据传输的最佳路径。

常见的动态路由协议包括 RIP（Routing Information Protocol，路由信息协议）、OSPF（Open Shortest Path First，开放最短路径优先）、IS-IS、IGRP、EIGRP、BGP（Border Gateway Protocol，边界网关协议）。其中，RIP、OSPF、IS-IS、IGRP、EIGRP 是内部网关协议（Interior Gateway Protocol，IGP），BGP 是外部网关协议（External Gateway Protocol，EGP）。

路由协议管理距离是路由协议的重要指标，管理距离值越低，路由越可信。静态路由优先于动态路由，当动态路由与静态路由发生冲突时，以静态路由为准。采用复杂量度的路由协议优先于采用简单量度的路由协议。部分路由协议的管理距离值如表 5-1 所示。

表 5-1　部分路由协议的管理距离值

路　由　协　议	默认管理距离值
直连路由	0
本地接口静态路由	0
下一跳接口静态路由	1
RIP 路由	120
OSPF 路由	110

动态路由与静态路由不同，用户无须手动对路由器上的路由表进行维护，每台路由器上都运行了一个动态路由协议，这个路由协议会根据路由器上的端口配置及所连接的链路状态，自动生成路由表中的路由表项。

5.7　自治系统

自治系统（Autonomous System，AS）是指处于一个管理机构控制之下的路由器和网络群组。它是一个单独的网络单元，例如，一所大学或者一个企业的网络就是一个自治系统。

一个自治系统被称为一个路由选择域（Routing Domain），它会分配一个全局唯一的16 位号码，这个号码被称为自治系统号（ASN）。

整个 Internet 由许多小的自治系统组成，如图 5-16 所示，一个自治系统有权自主地决定在本系统内采用何种路由协议。自治系统之间互连的路由器被称为边界路由器，如图 5-16 所示的路由器 R1 为自治系统 A 的边界路由器，路由器 R3 为自治系统 C 的边界路由器。

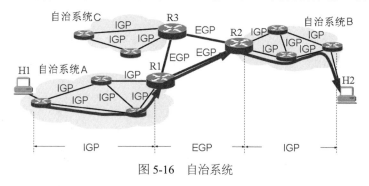

图 5-16　自治系统

自治系统内部使用内部网关协议发送数据，如 RIP 和 OSPF 协议。自治系统之间使用外部网关协议发送数据，目前使用最多的是 BGP-4。

5.8　RIP 路由协议

RIP 是一种简单的内部网关协议，主要用于规模较小的网络中，如校园网及结构较简单的地区性网络。

RIP 是一种基于距离矢量（Distance-Vector）算法的协议，它通过 UDP 报文进行路由信息的交换，使用的端口号为 520。RIP 协议封装关系如图 5-17 所示。

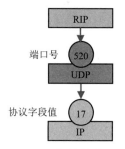

图 5-17　RIP 协议封装关系

在 RIP 协议中，每经过一台路由器，管理距离值加 1，从一台路由器到直连网络的管理距离值为 1。如图 5-18 所示，路由器 B 到达网 4 的管理距离值为 1，通过直接交付到达网 4，路由器 B 到达网 6 的管理距离值为 2，途径路由器 C 转发数据。

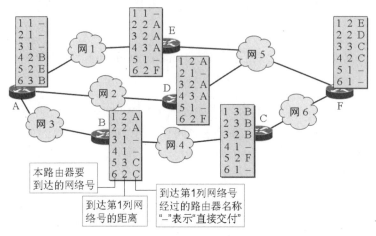

图 5-18　RIP 路由协议管理距离

RIP 协议认为一个好的路由具备的特点是通过的路由器数目少，即距离短，RIP 协议允许一条路径最多包含 15 台路由器，因此 RIP 协议只适用于小型 Internet。

RIP 协议不能在两个网络之间同时使用多条路由，它会选择使用一个具有最少路由器的路由（即最短距离），即使存在另一条高速、低时延，但路由器较多的路由它也不会选择。

RIP 协议有两个版本：RIPv1 和 RIPv2。RIPv1 是有类别路由协议（Classful Routing Protocol），它只支持以广播方式发布协议报文，而且报文中没有掩码信息，只能识别 A、B、C 三类自然网段的路由，无法支持路由聚合，也不支持不连续的子网。

RIPv2 是无分类路由协议（Classless Routing Protocol），与 RIPv1 相比，有以下优势。

（1）支持外部路由标记，可以在路由策略中根据标记对路由进行灵活控制。

（2）报文中携带掩码信息，支持路由聚合和无分类编址。

（3）支持指定下一跳地址，在数据包被转发到 RIP 之外的网络时提供一个可用的下一跳地址。

（4）支持使用组播方式发送更新报文，只有 RIPv2 路由器才能收到协议报文。

（5）支持对协议报文进行验证，并提供明文验证和 md5 验证两种方式，从而增强安全性。

RIP 协议的配置命令如下。

Router(config)# router rip	//启用 RIP 协议

```
Router(config-router)# version [版本号]      //指定 RIP 协议版本号
Router(config-router)# network [网段 1]      //宣告配置 RIP 协议的网段
......
Router(config-router)# network [网段 n]
```

删除已宣告的 RIP 协议网段的命令如下。

```
Router(config)#router rip
Router(config-router)# no network [网段 n]
```

如图 5-19 所示，左侧路由器 Router0 和右侧路由器 Router1 均配置了 RIP 协议，在规划好 IP 地址后，两台路由器需要分别宣告配置 RIP 协议的网段。

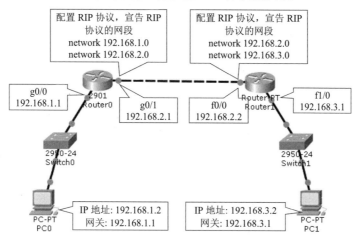

图 5-19   RIP 路由协议配置

左侧路由器 Router0 连接的网段为 192.168.1.0 和 192.168.2.0，其 RIP 路由协议配置命令如下。

```
Router#conf t
Router(config)#router rip
Router(config-router)#version 2
Router(config-router)#network 192.168.1.0
Router(config-router)#network 192.168.2.0
Router(config-router)#end
Router#
```

删除上述 RIP 协议中 192.168.1.0 网段的命令如下。

```
Router(config)#router rip
Router(config-router)#no network 192.168.1.0
```

右侧路由器 Router1 连接的网段为 192.168.2.0 和 192.168.3.0，其 RIP 路由协议配置命令如下。

```
Router#conf t
```

```
Router(config)#router rip
Router(config-router)#version 2
Router(config-router)#network 192.168.2.0
Router(config-router)#network 192.168.3.0
Router(config-router)#end
Router#
```

配置完成后，通过执行 show ip route 命令，可查看路由信息，查看左侧路由器 Router0 的路由信息的命令如下。

```
Router#show ip route
……
C      192.168.2.0/24 is directly connected, GigabitEthernet0/1
L      192.168.2.1/32 is directly connected, GigabitEthernet0/1
R      192.168.3.0/24 [120/1] via 192.168.2.2, 00:00:25, GigabitEthernet0/1
```

可以发现，Router0 的路由信息中包含右侧路由器 Router1 的 RIP 路由，各数据的含义为：C 表示直连路由；L 表示本地（Local）路由，用于指明路由器端口与其 IP 地址的绑定关系；R 表示 RIP 路由；192.168.3.0/24 是目标网络；[120/1]是管理距离及跳数；192.168.2.2 是下一跳的 IP 地址，即访问目标 192.168.3.0/24 时数据发至 192.168.2.2；00:00:25 是等待更新的时间；GigabitEthernet0/1 表示访问目标时数据发至的端口，实际上 192.168.2.2 和 Router0 的 GigabitEthernet0/1 是等价的，因为它们是直连的。

查看右侧路由器 Router1 的路由信息的命令如下。

```
Router#show ip route
……
R      192.168.1.0/24 [120/1] via 192.168.2.1, 00:00:09, FastEthernet0/0
C      192.168.3.0/24 is directly connected, FastEthernet1/0
```

可以看出，Router1 的路由信息中包含 Router0 的 RIP 路由。

5.9 OSPF 路由协议

OSPF 是一个基于链路状态的内部网关协议。目前针对 IPv4 地址使用的是 OSPF Version 2，针对 IPv6 地址使用的是 OSPF Version 3。

OSPF 报文直接封装在 IP 数据包中传输，如图 5-20 所示。

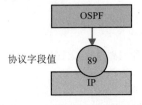

图 5-20 OSPF 协议数据封装关系

"开放"是指 OSPF 协议是公开的，不受某一厂商的控制。最短路径优先是指采用最短路径算法，但并不表示其他的路由选择协议不是最短路径优先。

OSPF 协议的主要特性是没有路由跳数的限制、支持大规模网络、支持掩码、不会形成自环路由、支持到同一目的地址的多条等价路由等，所以 OSPF 协议被广泛应用在 Internet 中。

在 OSPF 协议网络中，每台路由器向本自治系统中的相邻路由器发送与本路由器相邻的所有路由器的链路状态，内容包括本路由器和哪些路由器相邻，以及该链路的"度量"（Metric）。只有当链路状态发生变化时，路由器才会向所有相邻路由器发送此信息。

当网络中包含多个区域时，OSPF 协议规定其中必须有一个序号为 0 的区域，即 area 0，它被称为骨干区域，处于区域的中心，所有区域都必须与骨干区域在物理或逻辑上相连，如图 5-21 所示。

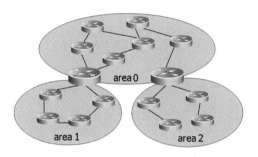

图 5-21　OSPF 协议应用在多区域网络中

区域号用十进制整数或点分十进制表示，如 132.24.16.12，0 和 0.0.0.0 等价。

配置 OSPF 协议的命令如下。

```
//启用 OSPF 协议，指定 OSPF 协议进程号，进程号的取值范围是 1～65535（即 2^16-1）
Router(config)#router ospf   [OSPF 进程号]
// 宣告配置 OSPF 协议的网段
Router(config-router)#network [网段 1] [网段 1 的反掩码] area [区域号]
......
Router(config-router)#network [网段 n] [网段 n 的反掩码] area [区域号]
```

反掩码是指子网掩码按位取反，用十进制数计算时，255 减去一个子网掩码就是这个子网掩码的反掩码，例如，子网掩码 255.255.255.0 的反掩码为 0.0.0.255，255.255.255.248 的反掩码为 0.0.0.7。在反掩码中，相应位为 1 的地址表示不检查该位，为 0 的表示需要检查该位。

删除 OSPF 协议中已宣告的网段的命令如下。

```
Router(config)#router ospf   [OSPF 进程号]
Router(config-router)#no network [网段 1] [网段 1 的反掩码] area [区域号]
```

如图 5-22 所示，左侧路由器 Router0 和右侧路由器 Router1 均配置了 OSPF 协议，在规划好 IP 地址后，两台路由器需要分别宣告配置 OSPF 协议的网段。

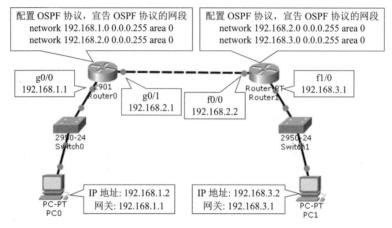

图 5-22　OSPF 路由协议配置

左侧路由器 Router0 连接的网段为 192.168.1.0 和 192.168.2.0，其 OSPF 路由协议配置命令如下。

```
Router>en
Router#conf t
Router(config)#router ospf 1
Router(config-router)#network 192.168.1.0 0.0.0.255 area 0
Router(config-router)#network 192.168.2.0 0.0.0.255 area 0
Router(config-router)#end
Router#
```

删除上述 OSPF 协议中已宣告的 192.168.1.0 网段的命令如下。

```
Router(config)#router ospf 1
Router(config-router)#no network 192.168.1.0 0.0.0.255 area 0
```

右侧路由器 Router1 连接的网段为 192.168.2.0 和 192.168.3.0，其 OSPF 路由协议配置命令如下。

```
Router>en
Router#conf t
Router(config)#router ospf 1
Router(config-router)#network 192.168.2.0 0.0.0.255 area 0
Router(config-router)#network 192.168.3.0 0.0.0.255 area 0
Router(config-router)#end
Router#
```

查看左侧路由器 Router0 的路由信息，可以发现其路由信息中包含右侧路由器 Router1 的 OSPF 路由。

```
Router#show ip route
......
C    192.168.1.0/24 is directly connected, GigabitEthernet0/0
C    192.168.2.0/24 is directly connected, GigabitEthernet0/1
O    192.168.3.0/24 [110/2] via 192.168.2.2, 00:04:27, GigabitEthernet0/1
```

查看右侧路由器 Router1 的路由信息，可以发现其路由信息中包含左侧路由器 Router0 的 OSPF 路由。

```
Router#show ip route
......
O    192.168.1.0/24 [110/2] via 192.168.2.1, 00:00:34, FastEthernet0/0
C    192.168.2.0/24 is directly connected, FastEthernet0/0
C    192.168.3.0/24 is directly connected, FastEthernet1/0
```

5.10　BGP 路由协议

BGP 是运行于 TCP 协议上的一种自治系统的外部路由协议，主要功能是和其他 BGP 系统交换网络可达信息。

BGP 报文通过端口号 179 封装在 TCP 报文中传输，数据封装关系如图 5-23 所示。

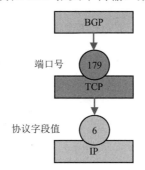

图 5-23　BGP 协议数据封装关系

BGP 协议发布于 1989 年，BGP-4 版本发布于 1995 年，BGP-4 提供了一套新的机制以支持无类域间路由。

在配置 BGP 协议时，每一个自治系统至少需要选择一台路由器作为本自治系统的 BGP 发言人。BGP 发言人（或边界路由器）的数目很少，使得自治系统之间的路由选择不至于太复杂。

配置 BGP 协议的命令如下。

```
Router(config)#router bgp [本自治系统号]        //启动 BGP 协议，指定自治系统号
//指定本自治系统的邻居网络
Router(config-router)#neighbor [邻居网络相连端口的 IP 地址] remote-as [邻居自治系统号]
......
```

删除 BGP 协议中指定的邻居网络的命令如下。

> Router(config)#router bgp [本自治系统号]
> Router(config-router)#no neighbor [邻居网络相连端口的 IP 地址] remote-as [邻居自治系统号]

BGP 协议配置完成后，域间自治系统还需要宣告本自治系统的网络信息，命令如下。

> Router(config-router)#network [本自治系统网络地址] mask [本自治系统子网掩码]

三个自治系统（AS100、AS200、AS300），以及三台路由器连接的端口和 IP 地址如图 5-24 所示，AS100 和 AS300 为跨 AS200 的域间自治系统，需要分别宣告各自治系统的网络信息。

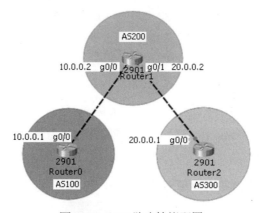

图 5-24 BGP 路由协议配置

如图 5-24 所示的自治系统 AS100 的 BGP 路由协议配置命令如下。

> Router(config)#router bgp 100   //启动 BGP 协议，指定自治系统号为 100
> Router(config-router)#neighbor 10.0.0.2 remote-as 200   //指明邻居网络
> Router(config-router)#network 10.0.0.0 mask 255.0.0.0   //宣告本自治系统的网络信息

删除上述邻居网络 10.0.0.2 的命令如下。

> Router(config)#router bgp 100
> Router(config-router)#no neighbor 10.0.0.2 remote-as 200

查看路由器 Router0 的路由信息，可以发现其路由信息中包含路由器 Router2 的 BGP 路由。

> Router#show ip route
> ……
> C   10.0.0.0/8 is directly connected, GigabitEthernet0/0
> L   10.0.0.1/32 is directly connected, GigabitEthernet0/0
> **B   20.0.0.0/8 [20/0] via 10.0.0.2, 00:44:09**

其中，B 表示 BGP 路由，表明路由器 Router0 的路由信息中包含自治系统 AS300 的网络信息，通过 10.0.0.2 到达自治系统 AS300。

查看路由器 Router2 的路由信息，可以发现其路由信息中包含路由器 Router0 的 BGP
路由。

```
Router#show ip route
    ……
B       10.0.0.0/8 [20/0] via 20.0.0.2, 00:44:37
C       20.0.0.0/8 is directly connected, GigabitEthernet0/0
L       20.0.0.1/32 is directly connected, GigabitEthernet0/0
```

上述结果表明路由器 Router2 的路由信息中包含自治系统 AS100 的网络信息，通过
20.0.0.2 到达自治系统 AS100。

5.11　不同 VLAN 间的成员通信

前面介绍了同一 VLAN 间的成员通信在数据链路层进行，实现的设备是二层交换机。
不同 VLAN 间的成员通信需要在网络层进行，实现的设备是路由器和三层交换机。

如图 5-25 所示，在三层交换机 MS0 和二层交换机 S1 构成的网络中包含 VLAN2 和
VLAN3，为实现 VLAN2 和 VLAN3 间的成员通信，需为 MS0 中的 VLAN2 和 VLAN3 配
置虚接口 IP 地址和子网掩码（各 IP 地址的子网掩码均为 255.255.255.0），并配置两个
VLAN 之间的静态路由。

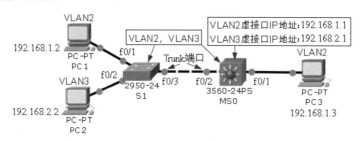

图 5-25　不同 VLAN 间的成员通信

三层交换机配置 VLAN 虚接口静态路由的命令如下。

```
ip route [目标网络地址] [目标网络子网掩码] [跃点网络地址]
```

以如图 5-25 所示的 IP 地址为例，在三层交换机 MS0 中，VLAN2 和 VLAN3 之间的
静态路由的配置命令如下。

```
Switch(config)#ip route 192.168.1.0 255.255.255.0 192.168.2.0
Switch(config)#ip route 192.168.2.0 255.255.255.0 192.168.1.0
Switch(config)#ip routing  //开启路由功能
Switch(config)#
```

在图 5-25 中，VLAN2 和 VLAN3 间通信的配置过程和命令如下。

（1）在 S1 中创建 VLAN2。

```
Switch>en
Switch#conf t
Switch(config)#vlan2
Switch(config-vlan)#exit
Switch(config)#
```

（2）在 S1 中创建 VLAN3。

```
Switch(config)#vlan3
Switch(config-vlan)#exit
Switch(config)#
```

（3）将 S1 的端口 f0/1 划分到 VLAN2 中。

```
Switch(config)#int f0/1
Switch(config-if)#switchport access vlan2
Switch(config-if)#end
Switch#
```

（4）将 S1 的端口 f0/2 划分到 VLAN3 中。

```
Switch#conf t
Switch(config)#int f0/2
Switch(config-if)#switchport access vlan3
Switch(config-if)#end
Switch#
```

（5）将 S1 的端口 f0/3 配置成 Trunk 端口。

```
Switch#conf t
Switch(config)#int f0/3
Switch(config-if)#switchport mode trunk
Switch(config-if)#
```

注意：配置完成后，与 S1 的端口 f0/3 连接的三层交换机 MS0 的端口 f0/2 将自动配置为 Trunk 端口。

（6）在 MS0 中创建 VLAN2。

```
Switch>en
Switch#conf t
Switch(config)#vlan2
Switch(config-vlan)#exit
Switch(config)#
```

（7）在 MS0 中创建 VLAN3。

```
Switch(config)#vlan3
Switch(config-vlan)#exit
Switch(config)#
```

（8）将 MS0 的端口 f0/1 划分到 VLAN2 中。

```
Switch(config)#int f0/1
Switch(config-if)#switchport access vlan2
Switch(config-if)#end
Switch#
```

（9）为 MS0 的 VLAN2 配置虚接口 IP 地址和子网掩码。

```
Switch#conf t
Switch(config)#int vlan2
Switch(config-if)#ip address 192.168.1.1 255.255.255.0
Switch(config-if)#no shutdown
Switch(config-if)#exit
```

（10）为 MS0 的 VLAN3 配置虚接口 IP 地址和子网掩码。

```
Switch(config)#int vlan3
Switch(config-if)#ip address 192.168.2.1 255.255.255.0
Switch(config-if)#no shutdown
Switch(config)#end
Switch#
```

（11）为 MS0 的 VLAN2、VLAN3 的虚接口配置静态路由，并开启路由功能。

```
Switch(config)#ip route 192.168.1.0 255.255.255.0 192.168.2.0
Switch(config)#ip route 192.168.2.0 255.255.255.0 192.168.1.0
Switch(config)#ip routing    //开启路由功能
Switch(config)#
```

（12）配置 PC1、PC2 和 PC3 的 IP 地址和网关。

PC1 的 IP 地址为 192.168.1.2，网关为 192.168.1.1。

PC2 的 IP 地址为 192.168.2.2，网关为 192.168.2.1。

PC3 的 IP 地址为 192.168.1.3，网关为 192.168.1.1。

以上配置完成后，PC1、PC2、PC3 可以相互 ping 通，即实现了不同 VLAN 间的成员通信。

本章小结

本章介绍了交换和路由技术，包括局域网的特性、LLC 和 MAC 子层、CSMA/CD 协议、以太网的层次设计、VLAN、路由技术、自治系统、RIP 路由协议、OSPF 路由协议、BGP 路由协议、不同 VLAN 间的成员通信。本章是计算机网络管理和应用的核心内容，读者一定要熟练掌握。

习题

1．检查网络连通性的应用程序是（　　）。

    A．ARP　　　　　　　　　　　　　B．PING

    C．DHCP　　　　　　　　　　　　D．DNS

2．以下不属于动态路由协议的是（　　）。

    A．默认路由　　　　　　　　　　　B．RIP

    C．OSPF　　　　　　　　　　　　D．BGP

3．用于两台交换机连接的交换机端口类型是（　　）。

    A．Access 端口　　　　　　　　　　B．Trunk 端口

    C．Access 端口和 Trunk 端口都可以　　D．无法确定

4．以下属于外部网关协议的是（　　）。

    A．默认路由　　　　　　　　　　　B．RIP

    C．BGP　　　　　　　　　　　　　D．OSPF

5．以下说法错误的是（　　）。

    A．集线器的所有端口都在同一个广播域和冲突域内

    B．交换机的所有端口都在同一个广播域内

    C．交换机的每一个端口单独是一个冲突域

    D．交换机的所有端口都在同一个广播域和冲突域内

6．局域网的特性主要取决于＿＿＿＿＿＿＿、＿＿＿＿＿＿＿和＿＿＿＿＿＿＿。

7．常见的 VLAN 划分方法有＿＿＿＿＿＿＿、＿＿＿＿＿＿＿、＿＿＿＿＿＿＿和＿＿＿＿＿＿＿。

8．简述 CSMA/CD 协议的内容。

9．常见的动态路由协议有哪些？

10．下图所示为由路由器、交换机以及若干台 PC 构成的局域网拓扑结构，请完成以下题目。

（1）用 C 类地址规划并给出路由器 RA 和 RB 各端口的 IP 地址。

（2）给出路由器 RA 和 RB 各端口的 IP 地址的配置命令。

（3）给出路由器 RA 和 RB 的静态路由协议配置命令。

（4）给出 PC0 和 PC2 的静态 IP 地址和网关。

（5）给出 PC0 ping PC2 的命令。

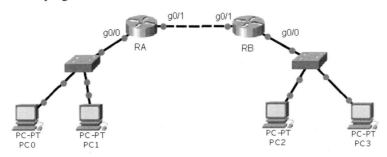

11．某企业租用了数据通信服务商的一条 100Mbps 的专线，企业内网 IP 地址的范围为 218.26.175.1～218.26.175.254，子网掩码为 255.255.255.128。路由器 R2 的外网端口 f0/0 和路由器 R1 的端口 f0/0 的 IP 地址分别为 218.26.131.2 和 218.26.131.1，子网掩码均为 255.255.255.252。下图所示为部分网络拓扑结构，请完成以下题目。

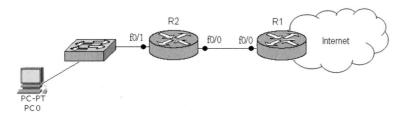

（1）给出路由器 R2 端口 f0/0、f0/1 和路由器 R1 端口 f0/0 的 IP 地址的配置命令。

（2）给出路由器 R2 的默认路由协议的配置命令。

（3）给出路由器 R1 的静态路由协议的配置命令。

（4）给出 PC0 的静态 IP 地址和网关。

（5）给出 PC0 ping 搜狐网的命令。

12．在下图所示网络中，交换机 Switch0 和 Switch1 的作用是将 PC0 和 Laptop1 划分到 VLAN2 中，实现相互通信，请给出配置命令。

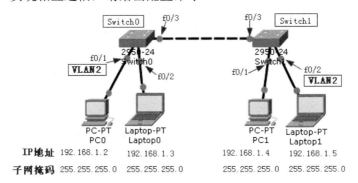

13．在下图所示网络中，路由器 Router0 和 Router1 均需要配置 RIP 协议，各端口和 IP 地址如下图所示，各 IP 地址对应的子网掩码均为 255.255.255.0，请完成以下题目。

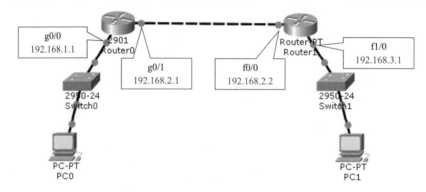

（1）给出设置路由器 Router0 的 g0/0 端口的 IP 地址的命令。

（2）给出设置路由器 Router0 的 g0/1 端口的 IP 地址的命令。

（3）给出设置路由器 Router0 的 RIP 路由协议的命令。

（4）给出设置路由器 Router1 的 f0/0 端口的 IP 地址的命令。

（5）给出设置路由器 Router1 的 f1/0 端口的 IP 地址的命令。

（6）给出设置路由器 Router1 的 RIP 路由协议的命令。

14．如下图所示，路由器 Router0 和 Router1 均需配置 OSPF 协议，各端口和 IP 地址如下图所示，各 IP 地址对应的子网掩码均为 255.255.255.0，请完成以下题目。

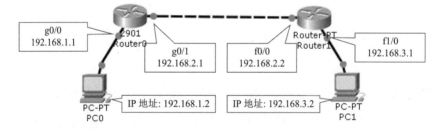

（1）给出路由器 Router0 的 g0/0 端口的 IP 地址的配置命令。

（2）给出路由器 Router0 的 OSPF 路由协议的配置命令。

（3）给出路由器 Router1 的 f0/0 端口的 IP 地址的配置命令。

（4）给出路由器 Router1 的 OSPF 路由协议的配置命令。

（5）给出 PC0 的网关。

（6）给出 PC1 的网关。

（7）给出 PC0 ping PC1 的命令。

15. 三个自治系统（AS100、AS200、AS300），以及三台边界路由器连接的端口和 IP 地址如下图所示，各 IP 地址对应的子网掩码均为 255.0.0.0，请完成以下题目。

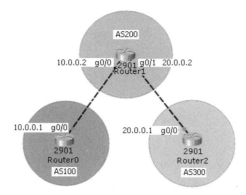

（1）给出路由器 Router0 的 g0/0 端口的 IP 地址的配置命令。

（2）给出路由器 Router0 的 BGP 路由协议的配置命令。

（3）给出路由器 Router1 的 BGP 路由协议的配置命令。

（4）给出路由器 Router2 的 BGP 路由协议的配置命令。

第**6**章

网络服务

以太网中常用的网络服务包括 DNS、DHCP、NAT、VPN，这些服务通常由单位的网络中心进行管理和维护。

6.1 DNS 服务

DNS（Domain Name System，域名系统）是建立域名和 IP 地址映射关系，实现通过域名访问 Internet 的服务。虽然用户可以通过 IP 地址访问目的主机，但 IP 地址太长、难以记忆，而域名更容易记忆。当用户访问一个网站时，既可以输入该网站的 IP 地址，也可以输入其域名，对于访问而言，两者是等价的。例如，百度 Web 服务器的域名是www.baidu.com，该域名对应的其中一个 IP 地址是 220.181.38.148，那么用户既可以通过www.baidu.com 访问百度 Web 服务器，也可以通过 220.181.38.148 访问百度 Web 服务器。

DNS 使用 53 号端口，在区域传输时使用 TCP 协议，其他场景使用 UDP 协议。

用户可以通过命令获取域名对应的 IP 地址，例如，在 Windows 的命令行中输入如下命令可以获取百度域名（baidu.com）对应的 IP 地址。

```
>nslookup baidu.com
……
Name:      baidu.com
Addresses:  220.181.38.148, 39.156.69.79
```

需要说明的是，网站的 IP 地址是经常变化的，而域名是相对固定的。此外，一个大型网站的域名可能对应多个 IP 地址，例如，上面显示的 www.baidu.com 对应 2 个 IP 地址。

6.1.1 域名表示方法

域名采用层次结构的命名方法，由若干个分量组成，各分量之间用点隔开，如下所示。

… .三级域名.二级域名.顶级域名

各分量分别代表不同级别的域名。

例如，江苏师范大学官方网站的域名为 www.jsnu.edu.cn，其中，jsnu 为主机名。

部分顶级域名如下所示。

（1）国家或地区顶级域名：.cn 表示中国、.us 表示美国、.uk 表示英国、.hk 表示中国香港、.tw 表示中国台湾、.mo 表示中国澳门。

（2）其他顶级域名：.com 表示公司企业、.net 表示网络服务机构、.org 表示非营利性组织。

6.1.2 域名解析过程

当用户在浏览器地址栏中输入域名后（如 www.qq.com），域名解析过程如图 6-1 所示。

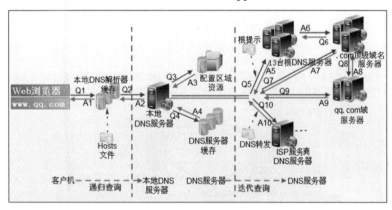

图 6-1 域名解析过程

（1）操作系统首先会检查本地 Hosts 文件中是否有 www.qq.com 域名的映射，如果有，则调用该域名映射的 IP 地址，完成域名解析。

（2）如果 Hosts 文件中没有 www.qq.com 域名的映射，则查找本地 DNS 解析器缓存，看是否有这个域名的映射，如果有，则直接返回，完成域名解析。

（3）如果 Hosts 文件与本地 DNS 解析器缓存中都没有 www.qq.com 域名的映射，则会找 TCP/IP 参数中设置的首选 DNS 服务器，在此称它为本地 DNS 服务器，如果要查询的域名包含在本地 DNS 服务器的配置区域资源中，则返回解析结果，完成域名解析，此解析具有权威性。如果要查询的域名不由本地 DNS 服务器解析，但该服务器已缓存了 www.qq.com 域名映射关系，则调用这个 IP 地址映射，完成域名解析，此解析不具有权威性。

（4）如果本地 DNS 服务器的本地区域文件与缓存解析都失效，则根据本地 DNS 服务器的设置（是否设置转发器）进行查询。如果未使用转发模式，本地 DNS 服务器就把请求发送至 13 台根 DNS 服务器，根 DNS 服务器收到请求后会判断这个.com 域是谁来授权管理的，并返回一个负责该顶级域名服务器的 IP 地址。本地 DNS 服务器收到 IP 地址信息后，将会联系负责.com 域的这台服务器。这台负责.com 域的服务器收到请求后，如果自己无法解析，就会找一个管理.com 域的下一级 DNS 服务器地址（qq.com）发送到本地 DNS 服务器。当本地 DNS 服务器收到这个地址后，就会找 qq.com 域服务器，然后重复上面的动作进行查询，直至找到 www.qq.com 浏览器。

（5）如果使用转发模式，则本地 DNS 服务器会把请求转发至上一级 DNS 服务器，由上一级 DNS 服务器进行解析，上一级 DNS 服务器如果不能解析，则会找根 DNS 服务器或把请求再次转至它的上一级，如此循环，直至找到 www.qq.com 浏览器。

6.1.3　搭建 DNS 服务

图 6-2 所示为在 Cisco Packet Tracer 中模拟的一个 DNS 服务系统，包含 DNS 服务器、Web 服务器和用户 PC。Web 服务器的 IP 地址为 192.168.0.3，在 DNS 服务器中创建的域名是 www.dnstest.com，该域名与 192.168.0.3 建立了解析关系，由此，用户通过域名www.dnstest.com 就可以访问 IP 地址为 192.168.0.3 的 Web 服务器。

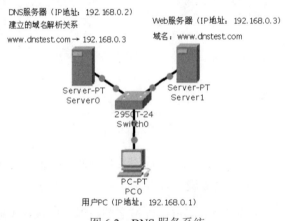

图 6-2　DNS 服务系统

搭建过程如下。

（1）在 Cisco Packet Tracer 中放置一台交换机、两台服务器和一台 PC，连接各设备，并设置对应的 IP 地址。

（2）单击 DNS 服务器"Server0"图标，在打开的"Server0"界面中选择"Services"选项卡，在左侧列表框中选择"DNS"选项，并打开 DNS 服务开关（On），在"Name"文本框中输入域名"www.dnstest.com"，在"Address"文本框中输入 Web 服务器的 IP 地址"192.168.0.3"，单击"Add"按钮，完成域名解析关系的建立，如图 6-3 所示。

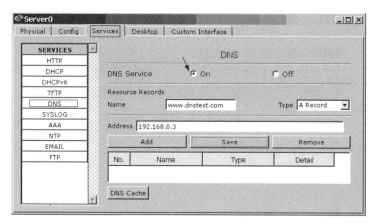

图 6-3　建立域名解析关系

建立成功的域名解析关系会显示在表格中，如图 6-4 所示。

No.	Name	Type	Detail
0	www.dnstest.com	A Record	192.168.0.3

图 6-4　建立成功的域名解析关系

建立成功后，如果需要修改，则单击要修改的记录，在对应的"Name"和"Address"文本框中进行修改，修改后单击"Save"按钮保存即可。

（3）单击图 6-2 中的 PC0 图标，打开"PC0"界面，选择"Config"选项卡中的"Settings"选项，在"DNS Server"文本框中输入 DNS 服务器的 IP 地址"192.168.0.2"，如图 6-5 所示。

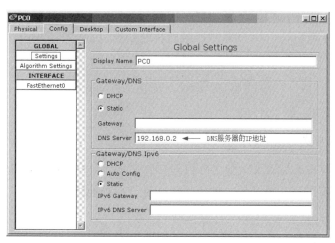

图 6-5　设置 DNS 服务器的 IP 地址

（4）在"PC0"界面中，选择"Desktop"选项卡中的"Web Browser"选项，打开"Web Browser"界面，在地址栏中输入"http://www.dnstest.com"，就可以通过 www.dnstest.com

访问 IP 地址为 192.168.0.3 的 Web 服务器了，访问结果如图 6-6 所示。

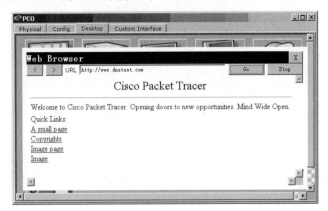

图 6-6　访问结果

6.2　DHCP 服务

DHCP（Dynamic Host Configuration Protocol，动态主机配置协议）是一个局域网协议，通常应用于大型局域网中，主要作用是集中地管理、分配 IP 地址，使网络环境中的主机可以动态地获取 IP 地址、子网掩码、网关等信息，从而提高地址的使用率。

DHCP 协议采用客户端/服务器模型，DHCP 服务器只有收到来自网络主机申请地址的信息时，才会向网络主机发送相关的地址配置等信息，以实现网络主机地址信息的动态配置。

DHCP 协议在传输层采用 UDP 协议，当网络主机传送数据包给 DHCP 服务器时，采用的是 UDP 的 67 号端口，从 DHCP 服务器传送数据包给网络主机时使用 UDP 的 68 号端口。

DHCP 协议使用三种方式分配 IP 地址，分别是自动分配方式、动态分配方式、手动分配方式。

1．自动分配方式

DHCP 服务器为主机指定一个永久性的 IP 地址，一旦 DHCP 客户端第一次成功从 DHCP 服务器端租用到 IP 地址后，就可以永久地使用该地址。

2．动态分配方式

DHCP 服务器为主机指定一个具有时间限制的 IP 地址，时间到期或主机明确表示放弃该地址时，该地址可以被其他主机使用。

3．手动分配方式

客户端的 IP 地址由网络管理员指定，DHCP 服务器将指定的 IP 地址告诉客户端主机。

实现 DHCP 服务的常用设备有路由器、三层交换机和服务器。用户既可以通过命令行方式配置 DHCP 服务，也可以通过可视化方式配置。

配置 DHCP 服务的主要命令如下。

Router(config)#ip dhcp pool [DHCP 地址池名字]　//定义 DHCP 地址池名字
//指定 DHCP 分配的网段和子网掩码
Router(dhcp-config)#network [DHCP 分配的网段] [DHCP 分配网段的子网掩码]
Router(dhcp-config)#default-router [DHCP 默认网关的 IP 地址]　//指定 DHCP 默认网关的 IP 地址
Router(dhcp-config)#dns-server [DNS 服务器的 IP 地址]　//指定 DNS 服务器的 IP 地址，非必需
//指定 DHCP 不分配的地址范围
Router(config)#ip dhcp excluded-address [DHCP 不分配的起始地址] [DHCP 不分配的结束地址]
Router(config)#ip dhcp excluded-address [DHCP 不分配的单个地址] //指定 DHCP 不分配的单个地址
Router(config)#service dhcp　//开启 DHCP 服务，默认是开启的
Router(config)#no service dhcp　//停止 DHCP 服务，之前分配的 IP 地址不受影响

还有一个命令可以定义 DHCP 协议不分配的 IP 地址范围。

Router(dhcp-config)#ip dhcp exclude [DHCP 不分配的起始地址] [DHCP 不分配的结束地址]

ip dhcp exclude 命令在 DHCP 配置模式下配置，ip dhcp excluded-address 命令在全局模式下配置，两个命令的作用相同。

下面通过例子介绍使用路由器、三层交换机和服务器实现 DHCP 服务的方法。

6.2.1　使用路由器实现 DHCP 服务

如图 6-7 所示，使用路由器 Router0 实现 DHCP 服务，Router0 有 2 个端口，即 f0/0 和 f0/1，因此可以创建 2 个 DHCP 服务。

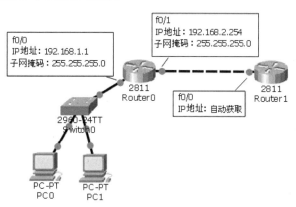

图 6-7　使用路由器实现 DHCP 服务

端口 f0/0 的 IP 地址为 192.168.1.1，因此通过端口 f0/0 分配的 DHCP 网段为 192.168.1.0，DHCP 默认网关为 192.168.1.1（即端口 f0/0 的 IP 地址）。

端口 f0/1 的 IP 地址为 192.168.2.254，因此通过端口 f0/1 分配的 DHCP 网段为 192.168.2.0，

DHCP 默认网关为 192.168.2.254（即端口 f0/1 的 IP 地址）。

以下命令用于配置 192.168.1.0 网段的 DHCP 服务，地址池名称为 d2，不分配的 IP 地址为 192.168.1.3、192.168.1.10～192.168.1.15，d2 通过端口 f0/0 实现 IP 地址自动分配。

```
Router>en
Router#conf t
Router(config)#ip dhcp pool d2
Router(dhcp-config)#network 192.168.1.0 255.255.255.0
Router(dhcp-config)#default-router 192.168.1.1
Router(dhcp-config)#exit
Router(config)#ip dhcp excluded-address 192.168.1.3
Router(config)#ip dhcp excluded-address 192.168.1.10 192.168.1.15
//设置端口 f0/0 的 IP 地址
Router(config)#int f0/0
Router(config-if)#ip add 192.168.1.1 255.255.255.0
Router(config-if)#no shut
Router(config-if)#exit
Router(config)#
```

上述配置成功后，开启 PC0 和 PC1 的 DHCP 服务，此时 PC0 和 PC1 会从路由器 Router0 的端口 f0/0 中自动获取 IP 地址。

然后配置 192.168.2.0 网段的 DHCP 服务，地址池名称为 d3，d3 通过端口 f0/1 实现 IP 地址自动分配。

```
Router(config)#ip dhcp pool d3
Router(dhcp-config)#network 192.168.2.0 255.255.255.0
Router(dhcp-config)#default-router 192.168.2.254
Router(dhcp-config)#exit
Router(config)#
//设置端口 f0/1 的 IP 地址
Router(config)#int f0/1
Router(config-if)#ip add 192.168.2.254 255.255.255.0
Router(config-if)#no shut
Router(config-if)#exit
Router(config)#
```

最后配置路由器 Router1 的端口 f0/0 自动获取 IP 地址。

```
Router>
Router>en
Router#conf t
Router(config)#int f0/0
Router(config-if)#ip add dhcp
```

```
Router(config-if)#no shut
Router(config-if)#
……
%DHCP-6-ADDRESS_ASSIGN: Interface FastEthernet0/0 assigned DHCP address 192.168.2.1, mask
255.255.255.0, hostname Router1
```

当出现上述信息时，说明路由器 Router1 的端口 f0/0 自动获取了 IP 地址 192.168.2.1。

6.2.2　使用三层交换机实现 DHCP 服务

使用三层交换机实现 DHCP 服务需要借助 VLAN。在如图 6-8 所示的三层交换机中定义了两个 DHCP 服务，分别用于实现 192.168.1.0 和 192.168.2.0 两个网段的 DHCP 服务。

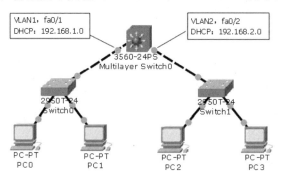

图 6-8　使用三层交换机实现 DHCP 服务

192.168.1.0 网段的 DHCP 服务通过 VLAN1 实现，DHCP 的默认网关为 VLAN1 的虚接口 IP 地址，通过端口 fa0/1 分配该网段的地址（即将端口 fa0/1 划分到 VLAN1 中）。

192.168.2.0 网段的 DHCP 服务通过 VLAN2 实现，DHCP 的默认网关为 VLAN2 的虚接口 IP 地址，通过端口 fa0/2 分配该网段的地址（即将端口 fa0/2 划分到 VLAN2 中）。

下面给出 192.168.2.0 网段的 DHCP 服务实现命令。

在三层交换机中创建 VLAN2，将 VLAN2 的虚接口 IP 地址设为 192.168.2.1。

```
Switch>en
Switch#conf t
Switch(config)#vlan2
Switch(config-vlan)#exit
Switch(config)#int vlan2
Switch(config-if)#ip add 192.168.2.1 255.255.255.0
Switch(config-if)#no shut
Switch(config-if)#exit
Switch(config)#
//将端口 fa0/2 划分到 VLAN2 中，使 v2 地址池中的地址通过端口 fa0/2 分配出去
Switch(config)#int fa0/2
Switch(config-if)#sw acc vlan2
```

```
Switch(config-if)#exit
Switch(config)#
```

然后在三层交换机中定义 192.168.2.0 网段的 DHCP 服务，地址池名称为 v2，网关为 192.168.2.1（即 VLAN2 的虚接口 IP 地址）。

```
Switch(config)#ip dhcp pool v2
Switch(dhcp-config)#network 192.168.2.0 255.255.255.0
Switch(dhcp-config)#default-router 192.168.2.1
Switch(dhcp-config)#exit
Switch(config)#
```

执行完上述命令后，开启 PC2 和 PC3 的 DHCP 服务，此时 PC2 和 PC3 会从 VLAN2 中自动获取 IP 地址。

使用同样的方法来配置通过 VLAN1 实现 192.168.1.0 网段的 DHCP 服务，然后开启 PC0 和 PC1 的 DHCP 服务，此时 PC0 和 PC1 会从 VLAN1 中自动获取 IP 地址。

PC0～PC3 自动获取 IP 地址后，VLAN1 中的 PC0、PC1 ping 不通 VLAN2 中的 PC2、PC3，只有开启三层交换机的路由功能后它们才能相互 ping 通，命令如下。

```
Switch(config)#ip routing
Switch(config)#
```

6.2.3　使用服务器实现 DHCP 服务

在如图 6-9 所示的网络拓扑结构中，Server0 作为 DHCP 服务器，利用路由器将整个网络划分为 2 个网段，即 172.16.0.0 和 172.17.0.0。服务器和路由器的各端口和 IP 地址如图 6-9 所示。

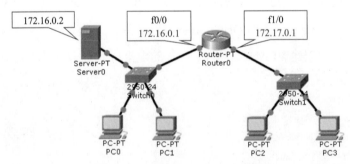

图 6-9　使用服务器实现 DHCP 服务

完成 DHCP 配置后，PC0～PC3 可以从 DHCP 服务器 Server0 中自动获取 IP 地址。

配置过程如下。

（1）配置 Server0 的网关、IP 地址和子网掩码。

单击 Server0 图标，打开"Server0"界面，选择"Config"选项卡，然后选择左侧列表框中的"Settings"选项（①处），接着在"Gateway"文本框（②处）中输入网关"172.16.0.1"
（172.16.0.1～172.16.0.254 中的任意一个均可），如图 6-10 所示。

选择"FastEthernet0"选项（①处），然后在"IP Address"文本框中输入 Server0 的 IP
地址"172.16.0.2"（特别注意的是，除 172.16.0.1 外，172.16.0.2～172.16.0.254 中的任意一
个均可），并在"Subnet Mask"文本框中输入子网掩码"255.255.0.0"（②处），如图 6-11
所示。

图 6-10　配置 Server0 的网关

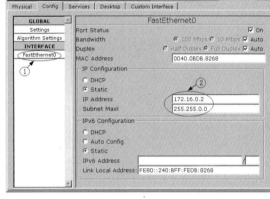
图 6-11　配置 Server0 的 IP 地址和子网掩码

（2）配置 DHCP 服务器的地址池。

选择"Services"选项卡，添加 172.16.0.0 网段的地址池以及对应的网关、起始 IP 地
址和子网掩码，然后单击"Add"按钮，如图 6-12（a）所示。添加 172.17.0.0 网段的地
址池以及对应的网关、起始 IP 地址和子网掩码，然后单击"Add"按钮，如图 6-12（b）
所示。完成后单击"Save"按钮，最后单击"On"单选按钮开启 DHCP 服务。

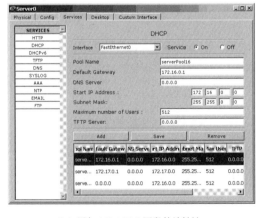
（a）添加 172.16.0.0 网段的地址池

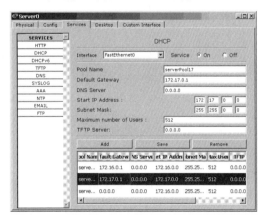
（b）添加 172.17.0.0 网段的地址池

图 6-12　配置 DHCP 服务器的地址池

（3）测试与 Switch0 连接的计算机是否可以自动获取 IP 地址。

以上配置完成后，与 Switch0 连接的计算机在开启 DHCP 服务后就可以自动获取 DHCP 服务器 Server0 分配的 IP 地址了。方法是：单击 PC0 图标，打开"PC0"界面，选择"Config"选项卡，然后选择"INTERFACE"下的"FastEthernet0"选项，接着单击右侧"IP Configuration"选区中的"DHCP"单选按钮，DHCP 服务器 Server0 开始为 PC0 分配 IP 地址，分配完成后，即可看到具体分配的 IP 地址，如图 6-13 所示。

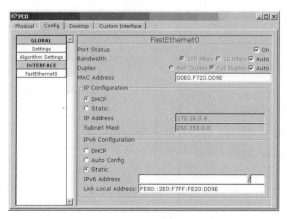

图 6-13　PC0 自动获取 IP 地址

（4）为 172.17.0.0 网段指定 DHCP 服务器的 IP 地址。

与 Switch1 连接的计算机，即 172.17.0.0 网段的计算机，当前无法通过 DHCP 服务器自动获取分配的 IP 地址，还需要配置路由器 Router0，通过 f1/0 端口为 172.17.0.0 网段指定 DHCP 服务器的 IP 地址 172.16.0.2，这样 DHCP 服务器才能为 172.17.0.0 网段自动分配 IP 地址。

进入路由器 Router0 的命令行，执行以下命令。

```
R0>en
R0#conf t
R0(config)#int f1/0
//通过 f1/0 端口为网段 172.17.0.0 指定 DHCP 服务器的 IP 地址 172.16.0.2
R0(config-if)#ip helper-address 172.16.0.2
R0(config)#end
R0#
```

如果配置了多台 DHCP 服务器，则需要分别用 ip helper-address 命令进行指明，路由器会转发 DHCP 请求包到所有的 DHCP 服务器上。

（5）测试 172.17.0.0 网段的计算机是否可以自动获取 DHCP 服务器 Server0 分配的 IP 地址。

为 172.17.0.0 网段指定 DHCP 服务器的 IP 地址后,该网段的计算机(即与 Switch1 连接的计算机)在开启 DHCP 服务后就可以自动获取 DHCP 服务器 Server0 分配的 IP 地址了。

单击 PC2 图标,打开"PC2"界面,选择"Config"选项卡,单击"IP Configuration"选区中的"DHCP"单选按钮,DHCP 服务器 Server0 开始为 PC2 分配 IP 地址,分配完成后,即可看到分配的 IP 地址。

配置 ip helper-address 的路由器在中继 DHCP 请求时的工作过程如下。

首先,DHCP 客户端发送请求,因为没有 IP 地址,所以自己的源 IP 地址为 0.0.0.0,而且也不知道目的 DHCP 服务器的 IP 地址,所以目的 IP 地址为 255.255.255.255,源 MAC 地址(即 DHCP 客户端的 MAC 地址)、目的 MAC 地址均为 FFFFFFFFFFFF。

路由器收到该数据报后,就用自己的端口的 IP 地址(收到数据报的端口)来取代源 IP 地址 0.0.0.0,并用 ip helper-address 命令中指定的地址来取代数据报中的目的 IP 地址 255.255.255.255。

最后,当 DHCP 服务器收到路由器转发过来的 DHCP 请求包时,就有了足够的信息,由源 IP 地址(即收到客户端数据报的路由器的端口的 IP 地址)来确定客户端所在的子网掩码,由此分配相应地址池中的空闲地址,并且知道了客户端的 MAC 地址,把它写入自己的数据库中,建立 IP 地址和 MAC 地址的映射关系,之后,DHCP 服务器做出响应,并由路由器把数据报转发给客户端。

6.3 NAT 服务

NAT(Network Address Translation,网络地址转换)是用于将内网的私有 IP 地址转换为公网 IP 地址,从而实现 Internet 访问的技术。

IPv4 预留了三个网段的 IP 地址作为私有 IP 地址,如下所示。

- A 类私有 IP 地址:10.0.0.0~10.255.255.255。
- B 类私有 IP 地址:172.16.0.0~172.31.255.255。
- C 类私有 IP 地址:192.168.0.0~192.168.255.255。

这些私有 IP 地址只能在局域网中被分配和使用,不能在 Internet 上路由,配置这些私有 IP 地址的主机或终端需要借助 NAT 技术实现 Internet 访问。

通常,局域网中上网用户数量较多的场合(如无线校园网、移动运营商的流量上网等)采用 A 类私有 IP 地址 10.0.0.0~10.255.255.255,而家庭上网用户数量较少的场合采用 C 类私有 IP 地址 192.168.0.0~192.168.255.255。

装有 NAT 软件的路由器被称为 NAT 路由器，家庭使用的无线路由器、开启热点的手机等都具有 NAT 路由器的功能。

6.3.1　NAT 实现过程

图 6-14 所示为分配私有 IP 地址 10.10.138.174 的内网 PC 通过 NAT 路由器访问百度服务器 115.239.211.110 的地址转换过程。PC 发出的数据报源 IP 地址为 10.10.138.174，目的 IP 地址为 115.239.211.110，该数据报到达 NAT 路由器后由 NAT 软件将数据报中的源 IP 地址替换为 NAT 路由器的公网 IP 地址 218.2.216.24，并将替换前后的这对地址以及百度地址记录在地址映射表中，替换后的数据报经过 Internet 传输到百度服务器 115.239.211.110。

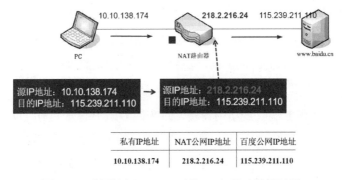

图 6-14　内网访问 Internet 时的 NAT 地址转换过程

百度服务器接收并解析请求报文后产生应答报文，应答报文中的源 IP 地址为百度公网 IP 地址 115.239.211.110，目的 IP 地址为 NAT 路由器的公网 IP 地址 218.2.216.24，该应答报文经过 Internet 传输到 NAT 路由器，如图 6-15 所示。NAT 路由器收到该报文后，NAT 软件根据应答报文中的源 IP 地址 115.239.211.110 和目的 IP 地址 218.2.216.24，从地址映射表中查找到对应的私有 IP 地址为 10.10.138.174，并把应答报文中的目的 IP 地址 218.2.216.24 替换为 PC 的私有 IP 地址 10.10.138.174，NAT 路由器再将替换后的报文通过内网传输给 PC。

图 6-15　Internet 数据被传输到内网时的 NAT 地址转换过程

在上述 NAT 转换过程中，一个私有 IP 地址需要对应 NAT 路由器上的一个公网 IP 地址，如果 NAT 路由器只分配了一个公网 IP 地址，那么在一个请求和响应周期中只能有一台内网主机可以访问 Internet 服务器，如果要实现多台内网主机同时访问 Internet 服务器，就需要 NAT 路由器多分配几个公网 IP 地址，在当前公网 IP 地址紧缺的情况下，这种需求很难被满足。

能否实现在 NAT 路由器分配一个公网 IP 地址的情况下，让内网多台主机同时访问公网服务器呢？答案是可以的。图 6-16 所示为在 NAT 中引入端口号来实现地址转换。PC 发出的数据报源 IP 地址为 10.10.138.174，源端口号为 21043，目的 IP 地址为 115.239.211.110，目的端口号为 80，该数据报到达 NAT 路由器后由 NAT 软件将数据报中的源 IP 地址替换为 NAT 路由器的公网 IP 地址 218.2.216.24，将源端口号替换为 14013，并将替换前后的这对地址和端口号以及百度公网 IP 地址和端口号记录在地址映射表中，替换后的数据报经过 Internet 传输到百度服务器 115.239.211.110。

图 6-16　内网到 Internet 引入端口号实现 NAT 地址转换的过程

百度服务器接收并解析请求报文后产生应答报文，应答报文中的源 IP 地址为百度公网 IP 地址 115.239.211.110，源端口号为 80，目的 IP 地址为 NAT 路由器的公网 IP 地址 218.2.216.24，目的端口号为 14013，该应答报文经过 Internet 传输到 NAT 路由器，如图 6-17 所示。NAT 路由器收到该报文后，NAT 软件根据应答报文中的源 IP 地址 115.239.211.110、源端口号 80、目的 IP 地址 218.2.216.24、目的端口号 14013，从地址映射表中查找到对应的私有 IP 地址为 10.10.138.174、内部端口号为 21043，并将应答报文中的目的 IP 地址 218.2.216.24 替换为 PC 的私有 IP 地址 10.10.138.174，将目的端口号 14013 替换为 21043，NAT 路由器再将替换后的报文通过内网传输给 PC。

不同 PC 的请求通过各自对应的 IP 地址和端口号共同来区分，实现了通过 NAT 路由器分配一个公网 IP 地址来满足内网多台主机同时访问公网服务器的需求。

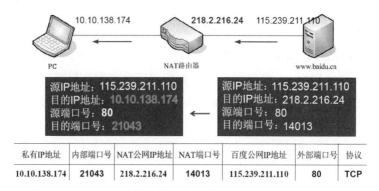

私有IP地址	内部端口号	NAT公网IP地址	NAT端口号	百度公网IP地址	外部端口号	协议
10.10.138.174	21043	218.2.216.24	14013	115.239.211.110	80	TCP

图 6-17　Internet 到内网引入端口号实现 NAT 地址转换的过程

6.3.2　NAT 实现地址转换的方式

NAT 实现地址转换的方式有静态 NAT（Static NAT）、动态 NAT（Dynamic NAT）、网络地址端口转换（Network Address Port Translation，NAPT）三种。

（1）静态 NAT：内网地址与公网地址一对一映射。

（2）动态 NAT：在 Internet 中定义了一系列公网地址池，其与内网地址一对一动态映射。

（3）网络地址端口转换：通过端口复用技术，让多个内网地址映射到一个或少数几个公网地址，以节省公网地址的使用量。

由于公网地址紧缺，而局域网主机数量较多，因此一般使用 NAPT 实现局域网多台主机共用一个或少数几个公网地址访问 Internet 的需求。

6.3.3　使用 NAT 实现内网主机访问 Internet

使用 NAT 实现内网主机访问 Internet 需要经过以下步骤。

1．定义转换内网地址范围

定义转换内网地址范围的命令如下。

```
access-list [访问控制列表] [permit/deny] [any] [内网地址/网络地址 反掩码]
```

访问控制列表（ACL）的主要类型有标准 ACL 和扩展 ACL，标准 ACL 为 1～99 和 1300～1999 范围内的数字，表明该 access-list 语句是一个普通的标准型 IP 访问控制列表语句，扩展 ACL 为 100～199 和 2000～2699 范围内的数字。permit 表示允许转换，deny 表示禁止转换，any 表示所有主机。例如：

- 允许主机 172.17.31.222 通过，禁止其他主机通过。

```
Router(config)#access-list 5 permit 172.17.31.222
```

- 禁止主机 172.17.31.222 通过，允许其他主机通过。

```
Router(config)#access-list 5 deny host 172.17.31.222
```

```
Router(config)#access-list 5 permit any
```

- 允许 172.17.31.0/24 通过，禁止其他主机通过。

```
Router(config)#access-list 5 permit 172.17.31.0 0.0.0.255
```

- 禁止 172.17.31.0/24 通过，允许其他主机通过。

```
Router(config)#access-list 5 deny 172.17.31.0 0.0.0.255
Router(config)#access-list 5 permit any
```

2. 指定路由器端口复用

指定路由器端口复用的命令如下。

```
ip nat inside source list [访问控制列表] [实现 NAT 转换的路由器端口号] overload
```

例如，以下命令表示在路由器 f0/1 端口实现 5 号访问控制列表的端口复用。

```
Router (config)#ip nat inside source list 5 int f0/1 overload
```

3. 指定路由器的 NAT 转换端口

指定路由器的 NAT 转换端口的命令如下。

```
ip nat inside      //指定 NAT 内网转换端口，即配置内网地址的端口
ip nat outside     //指定 NAT Internet 转换端口，即配置 Internet 地址的端口
```

例如，将 f0/0 指定为内网转换端口的命令如下。

```
Router (config)#int f0/0
Router (config-if)#ip nat inside
```

再如，将 f0/1 指定为 Internet 转换端口的命令如下。

```
Router (config)#int f0/1
Router (config-if)#ip nat outside
```

图 6-18 所示为在 Cisco Packet Tracer 中模拟使用 NAT 实现内网主机访问 Internet 服务器 Server0 的过程，各设备的 IP 地址如图 6-18 所示，其中左侧网络模拟内网，右侧网络模拟 Internet。

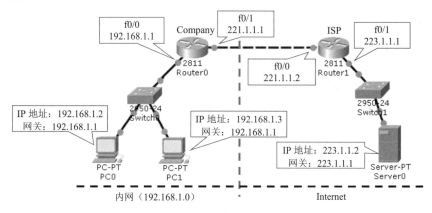

图 6-18　使用 NAT 实现内网主机访问 Internet 服务器的网络拓扑结构

在图 6-18 中，使用 NAT 实现内网主机访问 Internet 服务器的主要配置过程如下。

1. 配置内网路由器的 NAT

以下命令表示在路由器 Router0 中配置 NAT，实现图 6-18 中内网 192.168.1.0 网段的主机访问 Internet 服务器。

```
Router#conf t
Router(config)#access-list 1 permit 192.168.1.0 0.0.0.255
Router(config)#ip nat inside source list 1 int f0/1 overload
Router(config)#int f0/0
Router(config-if)#ip nat inside
Router(config-if)#exit
Router(config)#int f0/1
Router(config-if)#ip nat outside
Router(config-if)#end
Router#
```

2. 配置内网路由器的默认路由

```
Company(config)#ip route 0.0.0.0 0.0.0.0 f0/1
Company(config)#end
Company#
```

3. 查看 ping 命令对应的 NAT 的转换信息

配置完成后，PC0 可以 ping 通 Server0 服务器 223.1.1.2，命令如下。

```
PC>ping 223.1.1.2
```

ping 通后，在内网路由器 Router0 中执行 show ip nat translations 命令，查看 ping 命令对应的 NAT 的转换信息。

```
Company#show ip nat translations
    Pro    Inside global      Inside local      Outside local      Outside global
    icmp 221.1.1.1:25      192.168.1.2:25      223.1.1.2:25      223.1.1.2:25
    icmp 221.1.1.1:26      192.168.1.2:26      223.1.1.2:26      223.1.1.2:26
    ......
```

上述第 1 条信息是 ping 223.1.1.2 的第 1 次执行过程，表明 PC0 在 ping 223.1.1.2 时，利用了 ICMP 协议，用虚接口 25 将源 IP 地址 192.168.1.2 的请求通过 221.1.1.1 转换到了目的公网 IP 地址 223.1.1.2。

4. 在内网路由器中查看 NAT 的 debug 信息

首先在内网路由器 Router0 中执行 debug ip nat 命令。

```
Company#debug ip nat
```

然后用 PC0 的浏览器再次访问 http://223.1.1.2，此时查看到的内网路由器 Router0 的

NAT 调试信息如下。

```
NAT: s=192.168.1.2->221.1.1.1, d=223.1.1.2 [58]
NAT*: s=223.1.1.2, d=221.1.1.1->192.168.1.2 [40]
……
```

第 1 条信息显示 PC0 在访问 http://223.1.1.2 时，将源 IP 地址 192.168.1.2 的请求通过 221.1.1.1 转换到了目的公网 IP 地址 223.1.1.2。

第 2 条信息是服务器响应给 PC0 的转换信息。

5．在内网路由器中查看 NAT 的转换信息

在内网路由器 Router0 中执行 show ip nat translations 命令，可以得到 NAT 的转换信息。

```
Company#show ip nat translations
   Pro   Inside global         Inside local        Outside local       Outside global
   tcp 221.1.1.1:1027      192.168.1.2:1027      223.1.1.2:80        223.1.1.2:80
   tcp 221.1.1.1:1028      192.168.1.2:1028      223.1.1.2:80        223.1.1.2:80
```

第 1 条信息显示 PC0 在访问 http://223.1.1.2 时，利用 TCP 协议，将源 IP 地址 192.168.1.2:1027 的请求通过 221.1.1.1:1027 转换到了目的公网 IP 地址 223.1.1.2:80。

经过地址端口转换后，内网主机可以访问 Internet 服务器，但 Internet 主机无法 ping 通内网主机。

6.3.4　使用 NAT 实现 Internet 主机访问内网

利用反向 NAT 映射定义内网、Internet 地址及端口号对应关系，可以实现 Internet 主机对内网主机的访问，命令如下。

```
ip nat inside source static {tcp|udp} [内网地址 端口号] [Internet 地址 端口号] [permit-inside]
```

其中，tcp、udp 为使用的协议，permit-inside 表示可以同时通过内网地址和 Internet 地址访问内网主机，否则只能通过内网地址访问内网主机。

例如，以下命令用于实现 Internet 主机通过 200.6.15.1:80 访问内网 Web 主机 192.168.10.1:80，通过 200.6.15.1:8080 访问内网 Web 主机 192.168.10.2:80。

```
Router(config)#ip nat inside source static tcp 192.168.10.1 80 200.6.15.1 80
Router(config)#ip nat inside source static tcp 192.168.10.2 80 200.6.15.1 8080
```

从 Internet 看，访问两台 Web 主机的 IP 地址相同，都是 200.6.15.1。如果想让内网主机也通过 Internet 地址 200.6.15.1:80 和 200.6.15.1:8080 访问这两台内网 Web 主机，则需要加上 permit-inside 关键字。

图 6-19 所示为使用 NAT 实现 Internet 主机访问内网 Web 服务器 Server0 的拓扑结构，各设备的 IP 地址如图 6-19 所示，其中左侧网络模拟内网，右侧网络模拟 Internet，主要配

置过程如下。

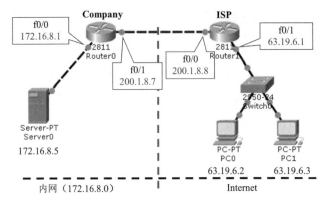

图 6-19　使用 NAT 实现 Internet 主机访问内网 Web 服务器 Server0 的拓扑结构

1．配置内网路由器的反向 NAT 映射

配置内网路由器 Router0 的反向 NAT 映射，实现 Internet 主机访问 200.1.8.7:80 时，NAT 将其转换为对内网 Web 服务器 172.16.8.5:80 的访问。

```
Company(config)#int f0/0
Company(config-if)#ip nat inside
Company(config-if)#int f0/1
Company(config-if)#ip nat outside
Company(config-if)#exit
Company(config)#ip nat inside source static tcp 172.16.8.5 80 200.1.8.7 80
Company(config)#
```

2．配置内网路由器的默认路由

```
Company(config)#ip route 0.0.0.0 0.0.0.0 f0/1
Company(config)#
```

配置完成后，在 Internet 主机 PC0 的浏览器地址栏中输入"http://200.1.8.7"，即可访问内网的 Web 服务器，访问结果如图 6-20 所示。

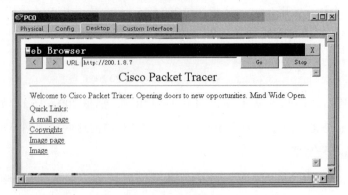

图 6-20　访问结果

3．在内网路由器中查看 NAT 映射关系

在内网路由器中执行 show ip nat translation 命令，查看 NAT 映射关系。

Company#show ip nat translation				
Pro	Inside global	Inside local	Outside local	Outside global
tcp	200.1.8.7:80	172.16.8.5:80	---	---
tcp	200.1.8.7:80	172.16.8.5:80	63.19.6.2:1025	63.19.6.2:1025

4．在内网路由器中查看 NAT 的 debug 信息

首先在内网路由器中执行以下命令。

```
Company#debug ip nat
```

然后用 PC0 的浏览器访问内网 Web 服务器（输入 "http://200.1.8.7"），此时可从内网路由器中查看 NAT 的 debug 信息。

```
Company#debug ip nat
IP NAT debugging is on
        NAT: s=63.19.6.2, d=200.1.8.7->172.16.8.5 [7]
        NAT*: s=172.16.8.5->200.1.8.7, d=63.19.6.2 [10]
        ……
```

第 1 条信息显示了 Internet 主机 PC0（63.19.6.2）访问 http://200.1.8.7 时，NAT 将 200.1.8.7 的请求转换到了内网服务器 172.16.8.5。

第 2 条信息是内网服务器 172.16.8.5 响应给 PC0 的转换信息。

使用 NAT 技术可以节省公网 IP 地址的使用数量，可以很好地隐藏并保护内网主机，但 NAT 转换会增加数据交换时延，还会导致无法进行端到端 IP 地址跟踪，例如，Internet 主机得到的是内网 NAT 路由器的公网 IP 地址，而非内网服务器的 IP 地址。

6.4　VPN 服务

VPN（Virtual Private Network，虚拟专用网）是对私有数据报进行加密和再封装，将封装后的数据报利用公网传输，接收端接收后再重新解封、解密，还原为私有数据报，从而实现远程私有访问的技术。

VPN 相当于在公网上开辟了一条面向私有数据的数据通信隧道，它摒弃了专线连接方式，所以在企业网络中得到了广泛应用，例如，高校创建 VPN 以方便师生在校外访问校内资源。

6.4.1　VPN 实现过程

图 6-21 所示为一个公司的两个部门创建的 VPN 网络拓扑结构，两个部门地处两个地方，需要借助 Internet 进行连接。部门 A 中的主机 X 向部门 B 中的主机 Y 发送数据，X

到 Y 的内部数据报源 IP 地址为 10.1.0.1，目的 IP 地址为 10.2.0.3，由于两个地址都是私有 IP 地址，不能在公网传输，所以路由器 R1 需要将 X 到 Y 的内部数据报进行加密和重新封装，封装后作为外部数据报的数据部分，外部数据报的首部源 IP 地址为路由器 R1 的公网 IP 地址 125.1.2.3，目的 IP 地址为路由器 R2 的公网 IP 地址 194.4.5.6，这样新数据报就可以在 Internet 中传输了。

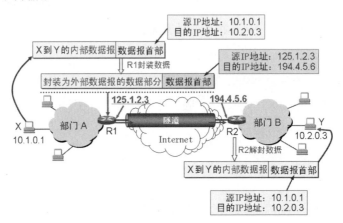

图 6-21　VPN 实现过程

外部数据报经过 Internet 传输后到达路由器 R2，R2 对该数据报进行解封和解密，得到 X 到 Y 的内部数据报，然后发送给部门 B 中的主机 Y。

通过 VPN，两个部门的主机之间就可以像在同一个局域网中一样相互访问，例如，部门 A 中的主机 X 可以直接执行 ping 10.2.0.3 命令来 ping 部门 B 中的主机 Y。

VPN 的整个实现过程对数据进行了加密，加密后的数据对 Internet 来说是不可见的，保证了私有网络的通信私密性。

6.4.2　IPSec VPN

IPSec（Internet Protocol Security，IP 安全协议）是实现 VPN 的其中一种方式，是用公网来封装和传输三层隧道的协议。

IPSec VPN 主要包括以下内容。

（1）认证头（Authentication Header，AH）：为 IP 数据报提供无连接数据完整性、消息认证及防重放攻击保护功能。

（2）封装安全负荷（Encapsulating Security Payload，ESP）：提供机密性、数据源认证、无连接完整性、防重放和有线传输流机密性功能。

（3）安全关联（Security Association，SA）：提供算法和数据包，以及 AH、ESP 操作所需的参数。

IPSec VPN 的传输模式有如下 3 种。

（1）AH 验证参数：ah-md5-hmac（md5 验证）、ah-sha-hmac（sha1 验证）。

（2）ESP 加密参数：esp-des（des 加密）、esp-3des（3des 加密）、esp-null（不加密）。

（3）ESP 验证参数：esp-md5-hmac（md5 验证）、esp-sha-hmac（sha1 验证）。

IKE（Internet Key Exchange，互联网密钥交换）定义了通信实体间进行身份认证、协商加密算法以及生成共享的会话密钥的方法。IKE 包含如下 4 种身份认证方式。

（1）基于数字签名（Digital Signature）：利用数字证书来表示身份，利用数字签名算法计算出一个签名来验证身份。

（2）基于公开密钥（Public Key Encryption）：利用对方的公开密钥加密身份，通过检查对方发来的公开密钥的哈希值进行认证。

（3）基于修正的公开密钥（Revised Public Key Encryption）：对上述方式进行修正。

（4）基于预共享字符串（Pre-Shared Key）：双方事先通过某种方式商定好一个共享的字符串。

ISAKMP（Internet Security Association Key Management Protocol，互联网安全关联和密钥管理协议）是 IKE 的其中一个协议。它定义了协商、建立、修改和删除 SA 的过程和包格式。

图 6-22 所示为在 Cisco Packet Tracer 中模拟 IPSec VPN 的网络拓扑结构，各设备的 IP 地址如图 6-22 所示，公司总部网络和分部网络利用 IPSec VPN 技术通过 Internet 建立连接，实现总部和分部的相互访问。

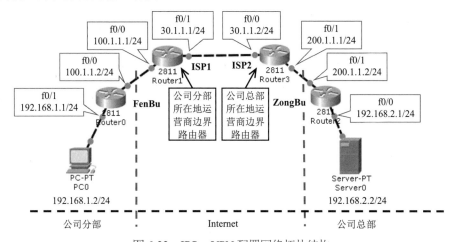

图 6-22　IPSec VPN 配置网络拓扑结构

Router0 和 Router3 分别模拟公司分部和总部的边界路由器，Router1 模拟公司分部所在地运营商 ISP1 的边界路由器，Router3 模拟公司总部所在地运营商 ISP2 的边界路由器。

从网络的地域范围或归属来看，每一台路由器所在的网络都可以看作一个自治系统。

在 Router0 和 Router2 中配置 IPSec VPN，在 Router1 和 Router3 中配置默认路由，配置完成后，分部计算机借助 Internet 访问总部服务器 Server0 提供的 Web 服务。

在图 6-22 中，PC0 的网关为 192.168.1.1，Server0 的网关为 192.168.2.1。

主要配置内容如下。

（1）在分部路由器 Router0 中配置 IPSec VPN，命令如下。

```
//定义 IKE 协商策略，10 是策略号，可自定义，范围为 1～1000，策略号越小优先级越高
FenBu(config)#crypto isakmp policy 10
FenBu(config-isakmp)#encryption 3des        //数据采用 3des 加密
FenBu(config-isakmp)#hash md5               //设置哈希加密算法为 md5，默认是 sha
//配置 IKE 的验证方法为 pre-share，即预共享密钥认证方法
FenBu(config-isakmp)#authentication pre-share
//设置共享密钥为 123456，此密钥要与下一步设置的密钥相同，200.1.1.2 是对端的 IP 地址
FenBu(config-isakmp)#crypto isakmp key 123456 address 200.1.1.2
//设置名为 jsnu 的交换集采用的验证和加密算法为 esp-3des esp-md5-hmac
FenBu(config)#crypto ipsec transform-set jsnu esp-3des esp-md5-hmac
//设置加密图名称为 beijing，序号 10 表示优先级，ipsec-isakmp 表示此 IPSec 链接采用 IKE 自动协商策略
FenBu(config)#crypto map beijing 10 ipsec-isakmp
FenBu(config-crypto-map)#set peer 200.1.1.2    //指定此 VPN 链路，即对端的 IP 地址
FenBu(config-crypto-map)#set transform-set jsnu      //设置 IPSec 传输集的名称为 jsnu
//设置匹配的地址为 101 访问列表，对于 VPN，此数值需设置在 100～199 之间
FenBu(config-crypto-map)#match address 101
FenBu(config-crypto-map)#exit
//设置数据加密处理的地址范围
FenBu(config)#access-list 101 permit ip 192.168.1.0 0.0.0.255 192.168.2.0 0.0.0.255
FenBu(config)#int f0/0
FenBu(config-if)#crypto map beijing    //将加密图 beijing 应用于 f0/0 端口
*Jan   3 07:16:26.785: %CRYPTO-6-ISAKMP_ON_OFF: ISAKMP is ON
FenBu(config-if)#no shut
FenBu(config-if)#exit
FenBu(config)#ip route 0.0.0.0 0.0.0.0 100.1.1.1    //设置此路由器的默认路由
FenBu(config)#exit
FenBu#
```

（2）在总部路由器 Router2 中配置 IPSec VPN，命令如下。

```
//定义 IKE 协商策略，20 是策略号，可自定义，范围为 1～1000，策略号越小优先级越高
ZongBu(config)#crypto isakmp policy 20
ZongBu(config-isakmp)#encryption 3des    //数据采用 3des 加密
ZongBu(config-isakmp)#hash md5        //设置哈希加密算法为 md5，默认是 sha
//配置 IKE 的验证方法为 pre-share，即预共享密钥认证方法
```

```
ZongBu(config-isakmp)#authentication pre-share
//设置共享密钥为 123456，此密钥要与上一步设置的密钥相同，100.1.1.2 是对端的 IP 地址
ZongBu(config-isakmp)#crypto isakmp key 123456 address 100.1.1.2
//设置名为 jsxz 的交换集采用的验证和加密算法为 esp-3des esp-md5-hmac
ZongBu(config)#crypto ipsec transform-set jsxz esp-3des esp-md5-hmac
//设置加密图名称为 shanghai，序号 30 表示优先级，ipsec-isakmp 表示此 IPSec 链接采用 IKE 自动协商策略
ZongBu(config)#crypto map shanghai 30 ipsec-isakmp
ZongBu(config-crypto-map)#set transform-set jsxz     //设置 IPSec 传输集的名称为 jsxz
ZongBu(config-crypto-map)#set peer 100.1.1.2   //指定此 VPN 链路，即对端的 IP 地址
//设置匹配的地址为 199 访问列表，对于 VPN，此数值需设置在 100～199 之间
ZongBu(config-crypto-map)#match address 199
ZongBu(config-crypto-map)#exit
//设置数据加密处理的地址范围
ZongBu(config)#access-list 199 permit ip 192.168.2.0 0.0.0.255 192.168.1.0 0.0.0.255
ZongBu(config)#int f0/1
ZongBu(config-if)#crypto map shanghai   //将加密图 shanghai 应用于 f0/1 端口
*Jan  3 07:16:26.785: %CRYPTO-6-ISAKMP_ON_OFF: ISAKMP is ON
ZongBu(config-if)#no shut
ZongBu(config-if)#exit
ZongBu(config)#ip route 0.0.0.0 0.0.0.0 200.1.1.1   //设置此路由器的默认路由
ZongBu(config)#exit
ZongBu#
```

（3）在公司分部所在地运营商 ISP1 的边界路由器 Router1 中配置默认路由，用于将分部传送过来的数据包转发至 Router3 的 30.1.1.2 端口，命令如下。

```
ISP1(config)#ip route 0.0.0.0 0.0.0.0 30.1.1.2
ISP1(config)#
```

（4）在公司总部所在地运营商 ISP2 的边界路由器 Router3 中配置默认路由，用于将总部传送过来的数据包转发至 Router1 的 30.1.1.1 端口，命令如下。

```
ISP2(config)#ip route 0.0.0.0 0.0.0.0 30.1.1.1
ISP2(config)#
```

配置成功后，进入 PC0 的命令行界面，输入"ping 192.168.2.2"，用 PC0 ping Server0，可以 ping 通，说明配置成功，如图 6-23 所示。需要注意的是，在 ping 的过程中，会丢失几个数据包，因为此时在建立 IPSec VPN 的协商。

PC0 ping 通 Server0 以后，用 PC0 的浏览器访问 Server0 的 Web 服务（输入"http://192.168.2.2"），如图 6-24 所示，表明分部计算机可以访问总部的 Web 服务。

总部和分部的网络是可以相互访问的，如果分部有 Web 服务，则总部的计算机也可以访问分部的 Web 服务。

图 6-23　IPSec VPN 测试

图 6-24　IPSec VPN 访问结果

前面第（3）、（4）步是通过在 Router1 和 Router3 中配置默认路由来定义数据包的转发路径的，除此之外，用户也可以使用 BGP 定义数据包的转发规则，各路由器的自治系统号如图 6-25 所示。

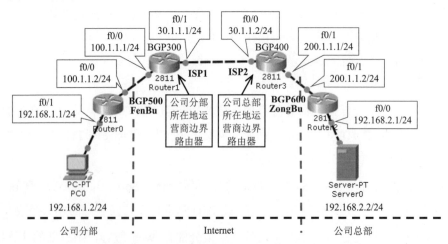

图 6-25　IPSec VPN 配置网络拓扑结构中的自治系统号

公司分部路由器 Router0 的自治系统号为 500，公司总部路由器 Router2 的自治系统号为 600，公司分部所在地运营商 ISP1 的边界路由器 Router1 的自治系统号为 300，公司总部所在地运营商 ISP2 的边界路由器 Router3 的自治系统号为 400。

下面通过在 Router0～Router3 中配置 BGP 路由来实现前面第（3）、（4）步的功能。

配置 Router0 的 BGP 路由，命令如下。

```
Router(config)#router bgp 500      //启动 BGP 协议，指定自治系统号为 500
Router(config-router)#neighbor 100.1.1.1 remote-as 300    //指明邻居网络
Router(config-router)#network 100.1.1.0 mask 255.255.255.0   //宣告本自治系统的网络信息
```

配置 Router1 的 BGP 路由，命令如下。

```
Router(config)#router bgp 300      //启动 BGP 协议，指定自治系统号为 300
Router(config-router)#neighbor 100.1.1.2 remote-as 500    //指明邻居网络
Router(config-router)#neighbor 30.1.1.2 remote-as 400    //指明邻居网络
Router(config-router)#network 30.1.1.0 mask 255.255.255.0   //宣告本自治系统的网络信息
```

配置 Router3 的 BGP 路由，命令如下。

```
Router(config)#router bgp 400      //启动 BGP 协议，指定自治系统号为 400
Router(config-router)#neighbor 30.1.1.1 remote-as 300    //指明邻居网络
Router(config-router)#neighbor 200.1.1.2 remote-as 600    //指明邻居网络
Router(config-router)#network 200.1.1.0 mask 255.255.255.0   //宣告本自治系统的网络信息
```

配置 Router2 的 BGP 路由，命令如下。

```
Router(config)#router bgp 600      //启动 BGP 协议，指定自治系统号为 600
Router(config-router)#neighbor 200.1.1.1 remote-as 400    //指明邻居网络
//宣告本自治系统的网络信息，此命令可以不用，原因是 200.1.1.0 网段已在 Router3 的 BGP 路由中宣告
Router(config-router)#network 200.1.1.0 mask 255.255.255.0
```

注意：尽管分部路由器 Router0 和总部路由器 Router2 配置了 BGP 路由，但在 Router0 的 IPSec VPN 中配置的默认路由 ip route 0.0.0.0 0.0.0.0 100.1.1.1，以及在 Router2 的 IPSec VPN 中配置的默认路由 ip route 0.0.0.0 0.0.0.0 200.1.1.1 仍然需要保留。

6.4.3　Easy VPN

Easy VPN 是运行在 Cisco Packet Tracer 设备之间的 IPSec VPN 解决方案，是 Cisco Packet Tracer 独有的远程接入 VPN 技术。Easy VPN 在 IPSec VPN 建立的两个阶段（IKE 阶段和 IPSEC 阶段）之间建立了一个用户认证阶段。

Easy VPN 为外出和家庭办公提供了便捷的接入方式，只要用户所在地能连上 Internet，就可以利用 Easy VPN 访问单位内网资源。

图 6-26 所示为在 Cisco Packet Tracer 中模拟家庭计算机通过 Easy VPN 访问单位内网的网络拓扑结构，各设备的 IP 地址如图 6-26 所示。

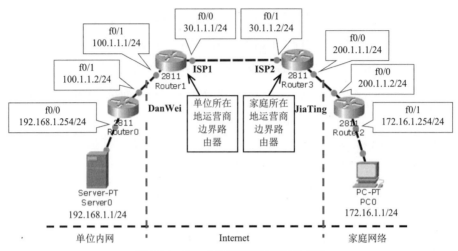

图 6-26　Easy VPN 配置网络拓扑结构

Router0 模拟单位的边界路由器，Router2 模拟家庭网络的路由器（通过 NAT 技术上网），Router1 模拟单位所在地运营商 ISP1 的边界路由器，Router3 模拟家庭所在地运营商 ISP2 的边界路由器。从网络的地域范围或归属来看，每一台路由器所在的网络都可以看作一个自治系统。

在单位路由器 Router0 中配置 Easy VPN，配置完成后，家庭计算机借助 Internet 并通过 Easy VPN 访问单位的服务器 Server0。Server0 的网关为 192.168.1.254，PC0 的网关为 172.16.1.254。

主要配置内容如下。

（1）在单位路由器 Router0 中配置 Easy VPN，命令如下。

```
DanWei>en
DanWei#conf t
DanWei(config)#aaa new-model    //开启 AAA 认证
DanWei(config)#aaa authentication login jsAthLgi local    //定义认证名称为 jsAthLgi
DanWei(config)#aaa authorization network jsAthNet local    //定义授权名称为 jsAthNet
DanWei(config)#username jsnu password 666    //创建授权 Easy VPN 的用户名和密码
//定义 IKE 协商策略，10 是策略号，可自定义，范围为 1～1000，策略号越小优先级越高
DanWei(config)#crypto isakmp policy 10
DanWei(config-isakmp)#hash md5    //设置哈希加密算法为 md5
//配置 IKE 的验证方法为 pre-share，即预共享密钥认证方法
DanWei(config-isakmp)#authentication pre-share
//预先统一 DH（Diffie-Hellman，迪菲-赫尔曼）算法策略，此处必须为 group 2
DanWei(config-isakmp)#group 2
//定义 Easy VPN 接入后分配的地址池，地址池名称为 ezPool
DanWei(config-isakmp)#ip local pool ezPool 192.168.2.1 192.168.2.10
//定义 Easy VPN 的授权组名为 myEasy
```

```
DanWei(config)#crypto isakmp client configuration group myEasy
DanWei(config-isakmp-group)#key 1234      //设置组密码
DanWei(config-isakmp-group)#pool ezPool      //设置授权组使用的地址池名称
//定义交换集名为 beijing，其采用的验证和加密算法为 esp-3des esp-md5-hmac
DanWei(config-isakmp-group)#crypto ipsec transform-set beijing esp-3des esp-md5-hmac
//设置动态加密图，名称为 shanghai，序号 10 表示优先级
DanWei(config)#crypto dynamic-map shanghai 10
DanWei(config-crypto-map)#set transform-set beijing      //设置 IPSec 传输集的名称为 beijing
DanWei(config-crypto-map)#reverse-route      //反向路由注入
//定义加密图 jsxz，使用 jsxz 对前面 AAA 中定义的 jsAthLgi 和 jsAthNet 进行认证和授权
DanWei(config-crypto-map)#crypto map jsxz client authentication list jsAthLgi
DanWei(config)#crypto map jsxz isakmp authorization list jsAthNet
DanWei(config)#crypto map jsxz client configuration address respond
DanWei(config)#crypto map jsxz 10 ipsec-isakmp dynamic shanghai
DanWei(config)#int f0/1
DanWei(config-if)#crypto map jsxz      //将加密图 jsxz 绑定到 f0/1 端口
*Jan   3 07:16:26.785: %CRYPTO-6-ISAKMP_ON_OFF: ISAKMP is ON
DanWei(config-if)#end
DanWei#
```

（2）在单位路由器 Router0 中配置默认路由，命令如下。

```
Router>en
Router#conf t
Router(config)#hostname DanWei
DanWei(config)#ip route 0.0.0.0 0.0.0.0 100.1.1.1
DanWei(config)#
```

（3）在家庭路由器 Router2 中配置 NAT 和默认路由，命令如下。

```
Router>en
Router#conf t
Router(config)#hostname JiaTing
JiaTing(config)#int f0/0
JiaTing(config-if)#ip address 200.1.1.2 255.255.255.0
JiaTing(config-if)#ip nat outside
JiaTing(config-if)#no shut
JiaTing(config-if)#exit
JiaTing(config)#int f0/1
JiaTing(config-if)#ip address 172.16.1.254 255.255.255.0
JiaTing(config-if)#ip nat inside
JiaTing(config-if)#no shut
JiaTing(config-if)#exit
JiaTing(config)#ip nat inside source list 1 int f0/0 overload
JiaTing(config)#ip route 0.0.0.0 0.0.0.0 200.1.1.1
```

```
JiaTing(config)#access-list 1 permit 172.16.1.0 0.0.0.255
JiaTing(config)#
```

（4）在单位所在地运营商边界路由器 Router1 中配置默认路由，用于将单位服务器传送过来的数据包转发至 Router3 的 f0/1 端口，命令如下。

```
ISP1(config)#ip route 0.0.0.0 0.0.0.0 30.1.1.2
ISP1(config)#
```

（5）在家庭所在地运营商边界路由器 Router3 中配置默认路由，用于将家庭计算机传送过来的数据包转发至 Router1 的 f0/0 端口，命令如下。

```
ISP2(config)#ip route 0.0.0.0 0.0.0.0 30.1.1.1
ISP2(config)#
```

配置成功后，PC0 可以 ping 通单位路由器 Router0 的公网 IP 地址 100.1.1.2，但是 ping 不通单位服务器 Server0 的 IP 地址 192.168.1.1，因为还没有使用 Easy VPN。

接下来使用 Easy VPN。单击图 6-26 中的 PC0 图标，在弹出的界面中选择"Desktop"选项卡，单击该选项卡中的"VPN"图标进入 Easy VPN 配置界面，输入相关配置信息，其中，"Password"为"666"，如图 6-27 所示。

图 6-27　Easy VPN 配置信息

输入完成后，单击"Connect"按钮开始连接 Easy VPN，如果配置正确，则会提示连接成功，如图 6-28 所示。Easy VPN 连接成功后会显示下发的 IP 地址，如图 6-29 所示。

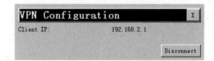

图 6-28　Easy VPN 连接成功　　　　图 6-29　Easy VPN 连接信息

此时，使用 PC0 ping 单位服务器 Server0 的 IP 地址 192.168.1.1，即可 ping 通。

```
PC>ping 192.168.1.1
        Pinging 192.168.1.1 with 32 bytes of data:
        Reply from 192.168.1.1: bytes=32 time=0ms TTL=127
        ……
```

Easy VPN 连接成功后，进入 PC0 的浏览器，在地址栏中输入"http://192.168.1.1"，

然后按回车键，即可访问单位服务器 Server0，访问结果如图 6-30 所示。

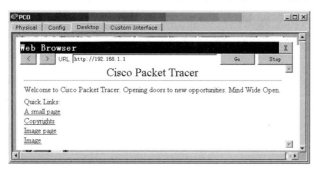

图 6-30 Easy VPN 访问结果

Easy VPN 连接断开后，PC0 将无法访问单位服务器 Server0，如图 6-31 所示。

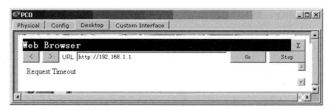

图 6-31 Easy VPN 连接断开时的访问结果

前面第（4）、（5）步是通过在 Router1 和 Router3 中配置默认路由来定义数据包的转发路径的，除此之外，用户也可以使用 BGP 定义数据包的转发规则，各路由器的自治系统号如图 6-32 所示。

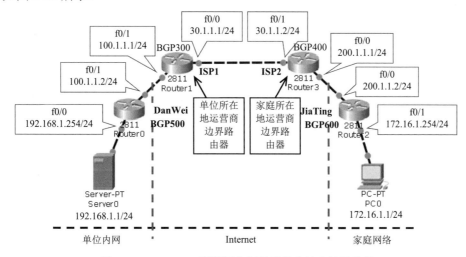

图 6-32 Easy VPN 配置网络拓扑结构中的自治系统号

单位路由器 Router0 的自治系统号为 500，家庭路由器 Router2 的自治系统号为 600，单位所在地运营商 ISP1 的路由器 Router1 的自治系统号为 300，家庭所在地运营商 ISP2 的路由器 Router3 的自治系统号为 400。

下面通过在 Router0～Router3 中配置 BGP 路由来实现前面第（4）、（5）步的功能。

配置 Router0 的 BGP 路由，命令如下。

```
Router(config)#router bgp 500        //启动 BGP 协议，指定自治系统号为 500
Router(config-router)#neighbor 100.1.1.1 remote-as 300   //指明邻居网络
Router(config-router)#network 100.1.1.0 mask 255.255.255.0   //宣告本自治系统的网络信息
```

配置 Router1 的 BGP 路由，命令如下。

```
Router(config)#router bgp 300        //启动 BGP 协议，指定自治系统号为 300
Router(config-router)#neighbor 100.1.1.2 remote-as 500   //指明邻居网络
Router(config-router)#neighbor 30.1.1.2 remote-as 400   //指明邻居网络
Router(config-router)#network 30.1.1.0 mask 255.255.255.0   //宣告本自治系统的网络信息
```

配置 Router3 的 BGP 路由，命令如下。

```
Router(config)#router bgp 400        //启动 BGP 协议，指定自治系统号为 400
Router(config-router)#neighbor 30.1.1.1 remote-as 300   //指明邻居网络
Router(config-router)#neighbor 200.1.1.2 remote-as 600   //指明邻居网络
Router(config-router)#network 200.1.1.0 mask 255.255.255.0   //宣告本自治系统的网络信息
```

配置 Router2 的 BGP 路由，命令如下。

```
Router(config)#router bgp 600        //启动 BGP 协议，指定自治系统号为 600
Router(config-router)#neighbor 200.1.1.1 remote-as 400   //指明邻居网络
//宣告本自治系统的网络信息，此句可以不用，原因是 200.1.1.0 网段已在 Router3 的 BGP 路由中宣告
Router(config-router)#network 200.1.1.0 mask 255.255.255.0
```

注意：尽管配置了 BGP 路由，但单位默认路由 ip route 0.0.0.0 0.0.0.0 100.1.1.1，以及家庭默认路由 ip route 0.0.0.0 0.0.0.0 200.1.1.1 仍然需要保留。

本章小结

本章介绍了常用网络服务的实现方法和配置过程，包括 DNS 服务、DHCP 服务、NAT 服务和 VPN 服务。这些服务在实际的网络应用和管理中非常重要，熟练掌握这些服务的配置对实际的网络管理工作能够起到事半功倍的作用。

习题

1. 将域名转换为 IP 地址通过（   ）服务完成。

    A．NAT   B．DHCP

    C．DNS   D．VPN

2．在域名 http://www.njnu.edu.cn 中，表示主机名的是（　　）。

  A．www   B．njnu

  C．edu   D．cn

3．实现 IP 地址自动分配的服务是（　　）。

  A．DNS   B．NAT

  C．VPN   D．DHCP

4．实现配有私有 IP 地址的局域网主机访问 Internet 的技术是（　　）。

  A．DNS   B．NAT

  C．VPN   D．DHCP

5．实现一个单位多个不同地方的私有 IP 地址网络相互访问的技术是（　　）。

  A．DNS   B．VPN

  C．DHCP   D．以上都不是

6．DNS 使用的端口号是_____，使用的协议是_____和_____。

7．NAT 实现地址转换的方式有_____、_____和_____。

8．DHCP 分配 IP 地址的机制有几种？

9．什么是 VPN？

10．给出创建 DHCP 地址池的命令，该地址池的名称为 d2，分配的网段为 192.168.1.0/24，默认网关为 192.168.1.254，不分配的 IP 地址为 192.168.1.254。

第 **7** 章

无线局域网

无线局域网（Wireless Local Area Network，WLAN）也被称为 Wi-Fi（Wireless Fidelity，无线保真），是以无线电方式实现近距离通信的局域网。

7.1 WLAN 协议标准

WLAN 基于 IEEE 802.11 标准，该标准包含的协议、使用的无线电频率、数据传输速率和名称如表 7-1 所示。

表 7-1 WLAN 协议标准

标 准 号	频 率	最大数据传输速率	名 称
802.11a	5GHz	54Mbps	Wi-Fi 4
802.11b	2.4GHz	11Mbps	
802.11g	2.4GHz	54Mbps	
802.11n	2.4GHz、5GHz	540Mbps	
802.11ac	2.4GHz、5GHz	1Gbps（理论上最大为 1.73Gbps）	Wi-Fi 5
802.11ax	2.4GHz、5GHz	9.6Gbps	Wi-Fi 6

其中，Wi-Fi 6 是新一代的基于 IEEE 802.11 标准的无线局域网技术，与前几代相比，Wi-Fi 6 具有速度快、时延低、容量大的特点。Wi-Fi 6 采用 WPA 3 安全协议，安全性更高。此外，Wi-Fi 6 允许设备与无线路由器之间主动规划通信时间，减少了无线网络天线使用量及信号搜索时间，能够在一定程度上减少电量消耗，更加省电。

7.2 CSMA/CA 协议

无线局域网采用的媒体访问控制协议是 CSMA/CA（Carrier Sense Multiple Access with Collision Avoidance，带冲突避免的载波感应多路访问）。

CSMA/CA 协议在发送数据包的同时不能检测信道上是否有冲突，只能尽量"避免"。CSMA/CA 协议利用 ACK 信号来避免冲突的发生，也就是说，发送端只有收到返回的 ACK 信号后才能确认送出的数据已经正确到达接收端。

无线局域网不能采用 CSMA/CD 协议，主要原因有两个：一是 CSMA/CD 协议要求一个站点在发送本站数据的同时必须不间断地检测信道，但在无线局域网中实现这种功能的开销过大；二是尽管站点在发送数据时检测到信道是空闲的，但接收端仍然有可能发生碰撞。

1. 隐蔽站问题

如图 7-1 所示，当 A 和 C 检测不到无线信号时，都以为 B 是空闲的，因而都向 B 发送数据，结果发生碰撞，这种未能检测出媒体上已存在信号而导致数据碰撞的问题叫作隐蔽站问题。

2. 暴露站问题

如图 7-2 所示，B 向 A 发送数据，而 C 又想和 D 通信，此时 C 检测到媒体上有信号（即 B 的信号），于是不敢向 D 发送数据，其实 B 向 A 发送数据时并不影响 C 向 D 发送数据，这就是暴露站问题。

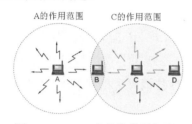 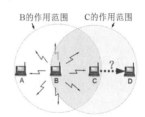

图 7-1　WLAN 中的隐蔽站问题　　　　图 7-2　WLAN 中的暴露站问题

7.3　WLAN 组网模式

WLAN 组网模式分为有固定基站的 WLAN 和无固定基站的 WLAN，其中，有固定基站的 WLAN 是最常用的组网模式。

7.3.1　有固定基站的 WLAN

有固定基站的 WLAN 是以无线基站为中心的组网模式，也被称为 Infrastructure 模式，单个基站和与之连接的若干个无线终端构成一个基本服务集（Basic Service Set，BSS），也被称为基础结构型基本服务集（Infrastructure BSS）。无线基站包括无线 AP（Access Point，接入点或热点）和无线路由器。

BSS 有两种组网模式：无线 AP 连接模式和无线路由器连接模式。

1. 无线 AP 连接模式

无线 AP 连接模式适用于接入用户数较多的场合，无线 AP 充当了一个无线交换机，主干分配系统用于实现不同 AP 的互联，从而构成扩展服务集（Extended Service Set，ESS），如图 7-3 所示。

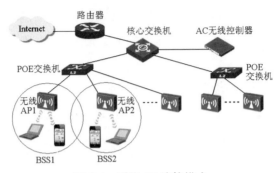

图 7-3　无线 AP 连接模式

POE（Power Over Ethernet）交换机在实现以太网网线传输数据的同时，为网络设备（如无线 AP、网络摄像机等）提供直流供电，免去了额外的电源布线。

AC 无线控制器用来集中管理无线 AP，是无线网络的核心，管理内容包括下发配置、修改相关配置参数、智能射频管理、接入安全控制、漫游管理等。

为使无线终端能够在 BSS 之间无缝漫游，各无线 AP 的 SSID 和认证方式需要一致，而且相邻的两个 BSS 信号覆盖区域应保持 15%～25%的重叠区域，并且覆盖区域重叠的无线 AP 不能使用相同的信道，否则它们的信号在传输时会相互干扰，导致网络性能和传输效率降低。

2．无线路由器连接模式

无线路由器连接模式适用于家庭或接入用户较少的场合。无线路由器是带路由功能的无线 AP，它可以直接和宽带 Modem 连接拨号上网，实现无线覆盖。

图 7-4 所示为带无线路由功能的宽带 Modem 组成的基本服务集，它可以实现拨号上网和无线路由功能，同时可以实现有线接入功能。

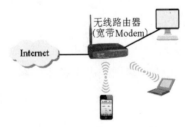

图 7-4　无线路由器连接模式

7.3.2　无固定基站的 WLAN

无固定基站的 WLAN 又被称为无线自组网或 Ad-hoc 网络，是一种无中心的、基于点对点的对等式移动网络，如图 7-5 所示，网络节点均由移动主机构成，通过移动主机的无线网卡自由组网实现通信。

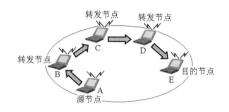

图 7-5　无固定基站的 WLAN

Ad Hoc 源自拉丁语，英文是 "for this"，引申为 "for this purpose only"，意思是 "仅用于此目的"，即 Ad-hoc 网络是一种有特殊用途的网络。IEEE 802.11 标准委员会采用 "Ad-hoc 网络" 一词来描述这种特殊的自组网络。

Ad-hoc 网络不需要固定的设备，用户只需要在每台计算机中安装无线网卡就可以实现，因此其非常适用于需要临时组网的场合。

建立 Ad-hoc 网络的步骤如下。

（1）为计算机安装无线网卡，为无线网卡配置好 IP 地址等网络参数。需要注意的是，要实现互连的主机的 IP 地址必须在同一网段，因为对等网络不存在网关，所以网关可以不填。

（2）设定无线网卡的工作模式为 Ad-hoc 模式，并给需要互连的网卡配置相同的 SSID（即无线 WLAN 的名字）、频段、加密方式、密钥和连接速率。

7.4　SSID 和 BSSID

SSID（Service Set Identifier，服务集标识符），是 IEEE 802.11 无线网络的逻辑名，即 Wi-Fi 名，它由最多 32 个字符组成，区分大小写。很多无线 AP 具有隐藏 SSID 的功能，也算是一种安全手段。

BSSID（Basic Service Set Identifier，基本服务集标识符），是 BSS 的二层标识符，实际上是 AP 无线网卡的 MAC 地址（48 位）。

一个无线 AP 可以创建多个 SSID，每个 SSID 都会对应单独的 BSSID。图 7-6 中的无线 AP 包含 2 个 SSID，分别是 Stu 和 Tech，它们对应的 BSSID 分别是 0025.9e26.31b2 和 013a.28c6.27e5。

图 7-6　SSID 和 BSSID

7.5 WLAN 认证方式

出于安全性考虑，无线网络需要对接入的终端进行认证，常用的认证方式有以下几种。

1. WEP

WEP（Wired Equivalent Privacy）是最基本的加密技术，无线终端与无线基站只有拥有相同的网络密钥，才能解读互相传递的数据。密钥分为 64 位及 128 位两种，客户端在进入 WLAN 前必须输入正确的密钥才能进行连接。

WEP 加密方法很脆弱，网络上每个用户或者计算机都使用了相同的密钥，这使得网络偷听者能够刺探用户的密钥，偷走数据并在网络上造成混乱。

2. WPA

WPA（Wi-Fi Protected Access）是由 Wi-Fi 联盟提出的无线安全标准。WPA 分为家用 WPA-PSK（Pre-Shared Key）版和企业 WPA-Enterprise 版。

（1）WPA-PSK。

WPA-PSK 是为了堵塞 WEP 的漏洞而发展的加密技术，使用方法与 WEP 相似。无线基站与无线终端必须设定相同的密钥，由于该密钥更长，并且 WPA-PSK 运用了 TKIP（Temporal Key Integrity Protocol）技术，因此其比 WEP 更安全。

（2）WPA-Enterprise。

WPA-Enterprise 需要有一台储存无线使用者账户数据的 RADIUS（Remote Authentication Dial-In User Service）服务器，当无线终端连入无线基站时，无线网络会要求使用者输入用户名、密码或自动向无线终端索取储存的使用凭证，然后向 RADIUS 服务器确认使用者的身份。用来加密无线封包的密钥是在认证的过程中自动产生的，并且每一次联机所产生的密钥都不同，因此非常难被破解。

3. WPA2

WPA2 是 WPA 的加强版，同样分为家用 WPA2-PSK 版和企业 WPA2-Enterprise 版。WPA2 与 WPA 的差别在于，它使用更安全的加密技术 AES（Advanced Encryption Standard），因此 WPA2 比 WPA 更安全。

4. WPA3

WPA3 是 WPA2 的后续版本，是 Wi-Fi 6 采用的安全协议。WPA3 标准将加密公共 Wi-Fi 上的所有数据，特别是当用户使用酒店和旅游 Wi-Fi 等公网时，借助 WPA3 可以创建更安全的连接，让黑客无法窥探用户的流量，难以获得私人信息。

5. MAC ACL

MAC ACL（Access Control List）只能用于认证而不能用于加密。在无线基站中输入允许接入的无线网卡 MAC 地址，不在此清单的无线网卡无法连入无线基站。

6. Web Redirection

Web Redirection 是 WISP（Wireless Internet Service Provider）最常用的方式，在这种方式下，无线网络被设定成开放连接，网络后台利用存取控制网关器（Access Control Gateway，ACG）拦截无线终端发出的 Web 封包，然后重定向到认证页面，要求使用者输入用户名和密码，ACG 据此向认证服务器确认使用者的身份，只有认证通过后使用者才可以自由上网。

7.6 WLAN 组网

WLAN 组网需要采用 DHCP 方式让连接的无线终端自动获取 IP 地址。下面通过例子介绍有固定基站的 WLAN 组网配置方法，采用三层交换机实现 DHCP 动态分配 IP 地址，无线终端通过无线 AP 和无线路由器接入网络，网络拓扑结构如图 7-7 所示。

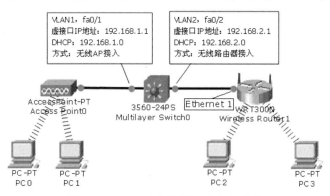

图 7-7　WLAN 组网配置网络拓扑结构

三层交换机的 fa0/1 端口连接无线 AP，fa0/2 端口连接无线路由器 WRT300N 的 Ethernet1 端口。三层交换机通过两个 VLAN 实现 DHCP 服务，VLAN1 的 DHCP 分配的 IP 地址网段为 192.168.1.0，由无线 AP 接入无线终端。VLAN2 的 DHCP 分配的 IP 地址网段为 192.168.2.0，由无线路由器接入无线终端。配置方法如下。

（1）在三层交换机中配置 192.168.1.0 网段的 DHCP 服务。

该 DHCP 的地址池名称为 v1，分配的 IP 地址网段为 192.168.1.0，网关为 192.168.1.1，不分配的 IP 地址为 192.168.1.1。

```
Switch>en
Switch#conf t
```

```
Switch(config)#ip dhcp pool v1
Switch(dhcp-config)#network 192.168.1.0 255.255.255.0
Switch(dhcp-config)#default-router 192.168.1.1
Switch(dhcp-config)#exit
Switch(config)#ip dhcp excluded-address 192.168.1.1
Switch(config)#
//设定 VLAN1 的虚接口 IP 地址
Switch(config)#int vlan1
Switch(config-if)#ip add 192.168.1.1 255.255.255.0
Switch(config-if)#no shut
Switch(config-if)#exit
Switch(config)#
```

（2）设置无线 AP。

在"Access Point0"界面的"Config"选项卡中，选择"Port 1"选项，将"SSID"设置为"MyAP"，其他设置按照默认，如图 7-8 所示。

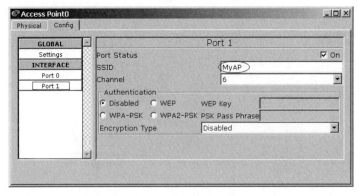

图 7-8　设置无线 AP

（3）为 PC0 和 PC1 安装无线网卡。

Cisco Packet Tracer 中的计算机终端默认安装的是有线网卡，需要将其替换成无线网卡，操作方法如图 7-9 所示。

① 单击图 7-9 中①所指的图标，关闭 PC 电源。

② 选择"WMP300N"选项，使该无线网卡出现在图 7-9 中的右下角区域。

③ 将 PC 中的有线网卡拖入图 7-9 中的右下角区域。

④ 将图 7-9 右下角区域中的无线网卡拖入 PC 中（有线网卡的位置）。

⑤ 再次单击图 7-9 中⑤所指的图标，开启 PC 电源。

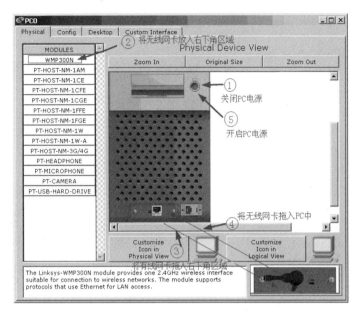

图 7-9　为 PC0 安装无线网卡

为 PC1 安装无线网卡的方法与 PC0 相同。

（4）PC0 和 PC1 接入无线 AP。

在 "PC0" 界面的 "Desktop" 选项卡中单击 "PC Wireless" 按钮，在弹出的界面中选择 "Connect" 选项卡，单击 "Refresh" 按钮刷新，将出现前面配置的 MyAP 无线网络，选择 "MyAP" 选项，然后单击 "Connect" 按钮，PC0 则可以连上 MyAP 无线网络，如图 7-10 所示。

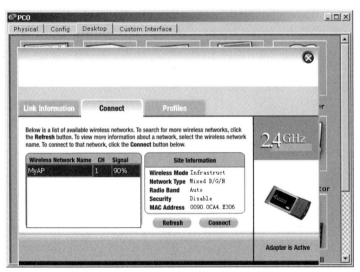

图 7-10　PC0 接入无线 AP

PC1 接入无线 AP 的方法与 PC0 相同。

（5）在三层交换机中创建 VLAN2，设定 VLAN2 的虚接口 IP 地址为 192.168.2.1，并将 fa0/2 端口划分到 VLAN2 中。

```
Switch(config)#vlan2
Switch(config-vlan)#exit
Switch(config)#int vlan2
Switch(config-if)#ip add 192.168.2.1 255.255.255.0
Switch(config-if)#no shut
Switch(config-if)#exit
Switch(config)#int fa0/2
Switch(config-if)#sw acc vlan2
Switch(config-if)#exit
Switch(config)#
```

（6）在三层交换机中配置 192.168.2.0 网段的 DHCP 服务。

该 DHCP 的地址池名称为 v2，分配的 IP 地址网段为 192.168.2.0，网关为 192.168.2.1，不分配的 IP 地址为 192.168.2.1。

```
Switch(config)#ip dhcp pool v2
Switch(dhcp-config)#network 192.168.2.0 255.255.255.0
Switch(dhcp-config)#default-router 192.168.2.1
Switch(dhcp-config)#exit
Switch(config)#ip dhcp excluded-address 192.168.2.1
Switch(config)#
```

（7）配置无线路由器。

在"Wireless Router1"界面的"Config"选项卡中，选择"Wireless"选项，设置该无线路由器的"SSID"为"MyWR"，认证方式选择"WEP"，密码设为"0123456789"，如图 7-11 所示。

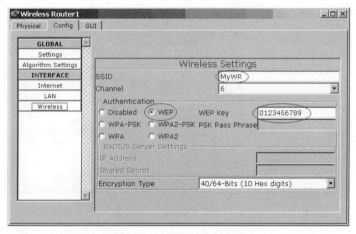

图 7-11 配置无线路由器

在"GUI"选项卡中选择"Setup"选项，然后在"Network Setup"中将"DHCP Server"设置为"Disabled"，关闭 DHCP 服务，最后单击"Save Settings"按钮保存设置，如图 7-12 所示。

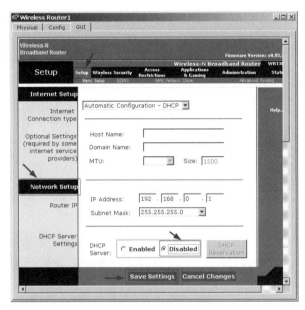

图 7-12　关闭 DHCP 服务

（8）PC2 和 PC3 接入无线路由器 MyWR。

为 PC2 安装无线网卡，然后在"PC2"界面的"Desktop"选项卡中单击"PC Wireless"按钮，在弹出的界面中选择"Connect"选项卡，单击"Refresh"按钮刷新，将出现前面配置的 MyAP 和 MyWR 两个无线网络，如图 7-13 所示。

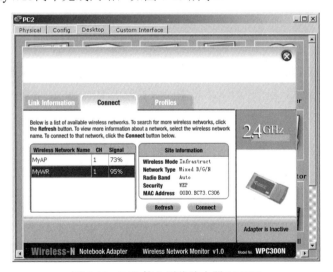

图 7-13　PC2 接入无线路由器 MyWR

选择"MyWR"选项，然后单击"Connect"按钮，由于 MyWR 需要密码认证，因此将弹出如图 7-14 所示的密码认证界面，在"WEP Key1"文本框中输入前面设置的 MyWR连接密码"0123456789"，单击"Connect"按钮，PC2 即可连上 MyWR 无线网络。

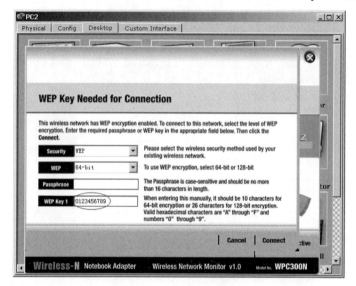

图 7-14　密码认证界面

PC3 接入无线路由器 MyWR 的方法与 PC2 相同。

（9）开启三层交换机的路由功能，使 VLAN1 中的 PC0、PC1 与 VLAN2 中的 PC2、PC3 可以相互 ping 通。

```
Switch(config)#ip routing
Switch(config)#
```

本章小结

本章介绍了无线局域网的相关知识，包括 WLAN 协议标准、CSMA/CA 协议、WLAN组网模式（包括有固定基站的 WLAN 和无固定基站的 WLAN）、SSID 和 BSSID、WLAN认证方式、WLAN 组网。本章是无线组网应用的基础，读者要深入学习并掌握。

习题

1. 无线局域网采用的媒体访问控制协议是（　　）。

　　A．CSMA/CD　　　　　　　　　　B．CSMA/CA

　　C．TCP　　　　　　　　　　　　D．IP

2．以下不属于 Wi-Fi 4 协议的是（　　　）。

    A．802.11a　　　　　　　　　　　　B．802.11b

    C．802.11ac　　　　　　　　　　　　D．802.11g

3．Wi-Fi 6 采用的协议是（　　　）。

    A．802.11a　　　　　　　　　　　　B．802.11b

    C．802.11ac　　　　　　　　　　　　D．802.11ax

4．有固定基站的 WLAN 组网时采用的设备为＿＿＿＿＿＿＿＿或＿＿＿＿＿＿＿＿。

5．WLAN 组网模式分为＿＿＿＿＿＿＿＿和＿＿＿＿＿＿＿＿。

6．无线局域网为什么不能采用 CSMA/CD 协议？

7．WLAN 认证方式有哪些？

第 **8** 章

IPv6 技术

IPv6 是 Internet Protocol Version 6（第 6 版互联网协议）的缩写，是因特网工程任务组（IETF）设计的用于替代 IPv4 的下一代 IP 协议。

IPv4 最大的问题在于网络地址资源不足，严重制约了 Internet 的应用和发展。IPv6 的使用不仅解决了网络地址资源数量的问题，也避免了多种接入设备连入 Internet 的障碍。

8.1 IPv6 地址表示方法

IPv6 的地址长度为 128 位，是 IPv4 地址长度的 4 倍，因此，点分十进制格式不再适用 IPv6。IPv6 的 128 位地址按每 16 位划分为一组，共划分为 8 组，每组采用十六进制数表示，各组之间用冒号分隔，形成冒分十六进制地址表示法。例如，某 IPv6 地址为 2001:0DB8:0000:0000:0000:0600:200C:417A。

在这种表示方法中，每组的前导 0 可以省略，每组中的全 0 可以缩写为 1 个 0，所以上述地址可以缩写为 2001:DB8:0:0:0:600:200C:417A。

IPv6 地址还可以把连续的多组 0 压缩为双冒号 “::”，这种表示方法被称为零压缩法。上述地址可以缩写为 2001:DB8::600:200C:417A，但为保证地址解析的唯一性，地址中的::只能出现一次，例如，0:0:0:0:0:0:128:0:0:1 使用零压缩法可表示为::128:0:0:1，而不能写成::128::1。

再如，FF01:0:0:0:0:0:0:1101 可压缩为 FF01::1101，0:0:0:0:0:0:0:1 可压缩为 ::1，0:0:0:0:0:0:0:0 可压缩为::。

8.2 IPv6 地址类型

IPv6 协议定义了三种地址类型：单播地址（Unicast Address）、组播地址（Multicast Address）和任播地址（Anycast Address）。与 IPv4 地址相比，IPv6 地址新增了任播地址类型，取消了 IPv4 地址中的广播地址。

IPv6 地址类型由地址前缀确定，主要地址类型与地址前缀的对应关系如表 8-1 所示。

表 8-1　IPv6 主要地址类型与地址前缀的对应关系

地 址 类 型		地址前缀（二进制）	IPv6 前缀标识
单播地址	未指定地址	00…0（128 位）	::/128
	环回地址	00…1（128 位）	::1/128
	链路本地地址	1111111010	FE80::/10
	唯一本地地址	1111110	FC00::/7
	全球单播地址	001	
	兼容性地址		
组播地址		11111111	FF00::/8
任播地址		从单播地址空间中进行分配，使用单播地址的格式	

8.2.1　单播地址

单播地址用来唯一标识一个端口，发送到单播地址的数据报被传送给此地址所标识的一个端口。

单播地址包括四种类型：全球单播地址、本地单播地址、兼容性地址、特殊地址。

1．全球单播地址

全球单播地址也被称为可聚合全球单播地址（Aggregatable Global Address），等同于 IPv4 中的公网地址，可以在 IPv6 Internet 上进行路由转发。

全球单播地址由地址类型前缀 001+13 位 TLA ID+8 位 Res+24 位 NLA ID+16 位 SLA ID+64 位主机端口 ID 构成，其中，前 64 位组成网络地址。各部分含义如下。

- TLA ID：顶级聚合标识符（Top Level Aggregation Identifier）。
- Res：8 位的保留位，供将来 TLA 或 NLA 扩充使用。
- NLA ID：次级聚合标识符（Next Level Aggregation Identifier）。
- SLA ID：站点级聚合标识符（Site Level Aggregation Identifier）。

2．本地单播地址

本地单播地址是指本地网络使用的单播地址，相当于 IPv4 地址中的私有地址。每个端口上至少要有一个链路本地地址，也可以使用任何类型的其他 IPv6 地址。链路本地地址和唯一本地地址都属于本地单播地址。

链路本地地址仅用于单个链路（链路层不能跨 VLAN），不能在不同子网中路由。节点可使用链路本地地址与同一个链路上的相邻节点进行通信。例如，在没有路由器的单链路 IPv6 网络上，主机使用链路本地地址与该链路上的其他主机进行通信。

唯一本地地址是本地全局地址，用于本地通信，但不通过 Internet 路由，其范围限制为组织的边界。

3. 兼容性地址

兼容性地址包括 IPv4 兼容地址、IPv4 映射地址、6to4 地址和 6over4 地址。

（1）IPv4 兼容地址。

IPv4 兼容地址把 IPv4 的 32 位公用地址内嵌到 IPv6 地址的后 32 位中，书写格式为 0:0:0:0:0:0:w.x.y.z 或者 :: w.x.y.z，其中 0 是十六进制数，w、x、y、z 是十进制数。

例如，IPv4 地址为 202.99.8.1，其对应的 IPv4 兼容地址为 0:0:0:0:0:0:202.99.8.1 或 ::202.99.8.1。

（2）IPv4 映射地址。

IPv4 映射地址是另一种内嵌 IPv4 地址的 IPv6 地址，书写格式为 0:0:0:0:0:FFFF:w.x.y.z 或者 ::FFFF:w.x.y.z。

例如，IPv4 地址为 202.99.8.1，其对应的 IPv4 映射地址为 0:0:0:0:0:FFFF:202.99.8.1 或 ::FFFF:202.99.8.1。

（3）6to4 地址。

6to4 地址是由前缀 2002::/16+IPv4 地址（用两段十六进制数表示）构成的 48 位地址。

例如，IPv4 地址为 202.99.8.1，其 6to4 地址的格式前缀是 2002:CA63:0801::/48，表示方法如下：十进制数 202 对应的二进制数为 11001010，用两段十六进制数表示为 CA，十进制数 99 对应的二进制数为 01100011，用两段十六进制数表示为 63。

完整的 6to4 地址由 48 位 6to4 地址+SLA ID+64 位端口 ID 组成。例如，上述 2002:CA63:0801::/48 对应的完整 6to4 地址为 2002:CA63:0801:[SLA ID]:[64 位端口 ID]。

（4）6over4 地址。

6over4 地址用于 IPv4 网络中不同子网节点之间的 IPv6 通信。6over4 要求 IPv4 网络使用多播地址，由于 IPv4 网络通常都使用单播地址，多播地址使用得不多，因此实际上 6over4 地址几乎不用。

4. 特殊地址

特殊地址包括未指定地址和环回地址，未指定地址，即 0:0:0:0:0:0:0:0 或::，仅用于表示某个地址不存在，它等价于 IPv4 中的 0.0.0.0。未指定地址通常被用作尝试验证暂定地址唯一性数据包的源地址，并且不会被指派给某个端口或被用作目的地址。环回地址，即 0:0:0:0:0:0:0:1 或::1，用于标识环回端口，允许节点将数据包发送给自己，它等价于 IPv4 中的 127.0.0.1。

8.2.2　组播地址

组播地址用来标识一组端口，类似于 IPv4 中的组播地址，发送到组播地址的数据报被传送给此地址所标识的所有端口。

一个 IPv6 组播地址可识别多个端口，发送到组播地址的数据报被送到由该地址标识的每个端口，任意位置的 IPv6 节点可以侦听任意 IPv6 组播地址上的组播通信。IPv6 节点可以同时侦听多个组播地址，也可以随时加入或离开组播组。

IPv6 组播地址最明显的特征就是最高 8 位固定为 11111111，它很容易被区分，因为总是以 FF 开始。

8.2.3　任播地址

任播地址用来标识一组端口，发送到任播地址的数据报被传送给此地址所标识的一组端口中距离源节点最近（根据使用的路由协议进行度量）的一个端口。

目的地址为任播地址的数据包被发送到距离源节点最近的单个端口，而组播地址用于一对多通信，将数据包发送到多个端口。任播地址不能用作 IPv6 数据包的源地址，也不能分配给 IPv6 主机，仅能分配给 IPv6 路由器。

8.3　IPv6 数据报结构

IPv6 数据报结构分为基本首部和有效载荷两部分，如图 8-1 所示，基本首部长度固定为 40 字节，有效载荷最大长度为 64KB，用于承载 IPv6 的数据或扩展首部。

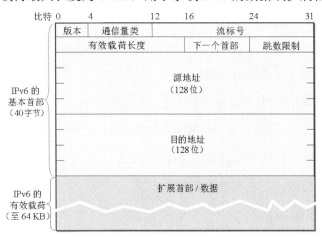

图 8-1　IPv6 数据报结构

在 IPv6 基本首部中各部分的含义如下。

● 版本：表示协议版本，值为 6。

- 通信量类：用于区分不同 IPv6 数据报的类别或优先级。

- 流标号：用于标识同一个流里面的报文，所有属于同一个流的数据报都具有同样的流标号。

- 有效载荷长度：用于指明 IPv6 数据报除基本首部以外的字节数（所有扩展首部都算在有效载荷之内）。

- 下一个首部：用于指明报头后跟的报文头部的类型，若存在扩展头，则表示第一个扩展头的类型，否则表示其上层协议的类型。它是 IPv6 各种功能的核心实现方法。

- 跳数限制：类似于 IPv4 中的 TTL，每次转发跳数减 1，值为 0 时数据包被丢弃。

- 源地址：用于标识报文的源地址。

- 目的地址：用于标识报文的目的地址。

8.4　IPv6 地址配置协议

IPv6 使用两种地址配置协议，分别为无状态地址自动配置（Stateless Address AutoConfiguration，SLAAC）协议和动态主机配置协议（DHCPv6）。无状态地址自动配置协议不需要服务器对地址进行管理，主机直接根据网络中的路由器通告信息与本机 MAC 地址结合计算出本机 IPv6 地址，实现地址自动配置；动态主机配置协议由 DHCPv6 服务器管理地址池，用户主机请求服务器获取 IPv6 地址及其他信息，达到地址自动配置的目的。

1．无状态地址自动配置协议

无状态地址自动配置协议的核心是不需要额外的服务器管理地址，主机自行计算地址并进行配置，包括如下 4 个基本步骤。

（1）配置链路本地地址，由主机计算出本地地址。

（2）检测重复地址，确定当前地址是否是唯一的。

（3）获取全局前缀，由主机计算出全局地址。

（4）重新编址前缀，由主机改变全局地址。

2．动态主机配置协议

IPv6 的动态主机配置协议是由 IPv4 场景下的 DHCP 发展而来的。客户端通过向 DHCP 服务器发出申请来获取本机 IP 地址并进行自动配置，DHCP 服务器负责管理并维护地址池以及地址与客户端的映射信息。

IPv6 的动态主机配置协议在 DHCP 的基础上进行了一定的改进与扩充。其中，包含

3 种角色，分别为 DHCPv6 客户端，用于动态获取 IPv6 地址、IPv6 前缀或其他网络配置参数；DHCPv6 服务器，负责为 DHCPv6 客户端分配 IPv6 地址、IPv6 前缀和其他网络配置参数；DHCPv6 中继，是一台转发设备。在通常情况下，DHCPv6 客户端可以通过本地链路范围内的组播地址与 DHCPv6 服务器进行通信，若服务器和客户端不在同一链路范围内，则需要 DHCPv6 中继进行转发。DHCPv6 中继的存在使得在每一个链路范围内不必都部署 DHCPv6 服务器，节省了成本并便于集中管理。

8.5　IPv6 路由协议

IPv6 路由协议分为内部网关协议和外部网关协议，内部网关协议主要包括 RIPng 和 OSPFv3，外部网关协议主要包括 BGP-4+。

1．RIPng

RIPng 由 RIP 变化而来，是对 RIPv2 的扩展，修改内容包括如下几项。

（1）UDP 端口：使用 UDP 的 521 端口发送和接收路由信息。

（2）组播地址：使用 FF02::9 作为链路本地范围内的 RIPng 路由器的组播地址。

（3）路由前缀：使用 128 位的 IPv6 地址作为路由前缀。

（4）下一跳地址：使用 128 位的 IPv6 地址。

2．OSPFv3

OSPFv3 由 OSPF 变化而来，与 OSPFv2 的主要区别如下。

（1）修改了 LSA 的种类和格式，支持发布 IPv6 路由信息。

（2）修改了部分协议流程，主要包括使用 Router-ID 来标识邻居；使用链路本地地址来发现邻居，使得网络拓扑本身独立于网络协议，便于将来扩展。

（3）进一步理顺了拓扑与路由的关系。OSPFv3 在 LSA 中将拓扑与路由信息分离，在一、二类 LSA 中不再携带路由信息，而只有单纯的拓扑描述信息，另外增加了八、九类 LSA，结合原有的三、五、七类 LSA 来发布路由前缀信息。

（4）提高了协议的适应性。通过引入 LSA 扩散范围的概念进一步明确了对未知 LSA 的处理流程，使得协议可在不识别 LSA 的情况下根据需要做出恰当处理，提高了协议的适应性。

3．BGP-4+

BGP-4+由 BGP-4 变化而来，并对 BGP-4 进行了多协议扩展。

8.6 IPv6 过渡技术

在当前 IPv4 普及的情况下，IPv6 不可能立刻替代 IPv4，因此在一段时间内 IPv4 和 IPv6 会共存于一个环境中。要提供平稳的转换过程，使得对现有的使用者影响最小，就需要有良好的转换机制，现阶段可以采用的技术有双协议栈技术、隧道技术和网络地址转换技术。

8.6.1 双协议栈技术

双协议栈技术是指网络节点具有两个协议栈：一个是 IPv4 栈，支持 IPv4 协议；另一个是 IPv6 栈，支持 IPv6 协议，从而实现 IPv4 协议和 IPv6 协议的通信。

双协议栈路由器可以将不同格式的 IP 数据报进行转换，与 IPv4 主机或路由器通信时采用 IPv4 地址，与 IPv6 主机或路由器通信时采用 IPv6 地址。双协议栈主机或路由器可以使用域名系统查询得知目的地址是 IPv4 地址还是 IPv6 地址。

图 8-2 展示了利用 IPv6/IPv4 双协议栈实现 IPv4 协议和 IPv6 协议通信的原理，左侧系统安装了 IPv4 协议栈，支持 IPv4 协议，可以产生和处理 IPv4 数据报，右侧系统安装了 IPv6 协议栈，支持 IPv6 协议，可以产生和处理 IPv6 数据报，这两个系统无法直接通信。在这两个系统之间有一个安装了 IPv6/IPv4 双协议栈的系统，同时支持 IPv4 协议和 IPv6 协议，利用这个系统可以完成网际协议转换的任务。从左侧系统接收的 IPv4 数据分组，经过双协议栈转换后，可以产生右侧系统的 IPv6 数据分组，反之，从右侧系统接收的 IPv6 数据分组，经过双协议栈转换后，可以产生左侧系统的 IPv4 数据分组。

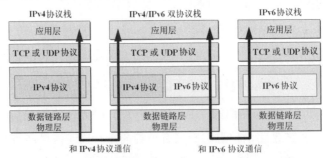

图 8-2　利用 IPv6/IPv4 双协议栈实现 IPv4 协议和 IPv6 协议通信的原理

图 8-3 展示了利用双协议栈借助 IPv4 网络实现两台 IPv6 主机通信的过程。A 和 F 是两台远程主机，都安装了 IPv6 协议栈，两台主机进行通信时必须经过中间的 IPv4 网络。B 和 E 是 IPv4 网络的接入路由器，它们都安装了 IPv6/IPv4 双协议栈。主机 A 的 IPv6 数据分组先到达路由器 B，路由器 B 经过协议转换将 IPv6 数据分组转换为 IPv4 数据分组，IPv4 数据分组通过 IPv4 网络中的路由器 C、D 传输到路由器 E，路由器 E 经过协议转换将 IPv4 数据分组转换为 IPv6 数据分组，最后交付给主机 F。在整个处理过程中，源地址

和目的地址均没有发生变化。反之，主机 F 的 IPv6 数据分组也可以通过这种方式传输给主机 A。

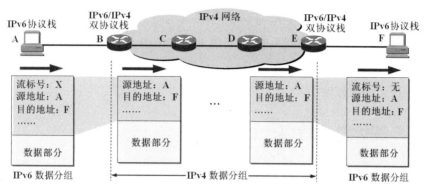

图 8-3　利用双协议栈借助 IPv4 网络实现两台 IPv6 主机通信的过程

8.6.2　隧道技术

隧道技术建立在双协议栈基础上，将 IPv6 数据分组作为数据封装在 IPv4 的数据部分中，使 IPv6 数据分组能在已有的 IPv4 网络中传输。

如图 8-4 所示，在隧道入口处，路由器 B 将主机 A 发出的 IPv6 数据分组封装在 IPv4 的数据部分，该 IPv4 数据分组的源地址为路由器 B 的 IPv4 地址，目的地址是路由器 E 的 IPv4 地址，在隧道出口处，路由器 E 将收到的 IPv4 数据分组的数据部分（即 IPv6 数据分组）取出并转发给目的主机 F。

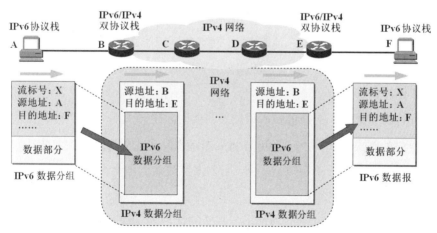

图 8-4　利用隧道技术借助 IPv4 网络实现两台 IPv6 主机通信

隧道技术的优点在于隧道的透明性，IPv6 主机之间的通信可以忽略隧道的存在，隧道只起到物理通道的作用。隧道技术在 IPv4 向 IPv6 演进的初期应用非常广泛。但是，隧道技术不能实现 IPv4 主机和 IPv6 主机之间的通信。

8.6.3　网络地址转换技术

网络地址转换技术将 IPv4 地址和 IPv6 地址分别看作内部地址和全局地址，从而实现 IPv4 主机和 IPv6 主机之间的通信。例如，当内部的 IPv4 主机要和外部的 IPv6 主机通信时，NAT 服务器将 IPv4 地址变换成 IPv6 地址，并维护 IPv4 与 IPv6 地址的映射表。反之，当内部的 IPv6 主机和外部的 IPv4 主机进行通信时，IPv6 主机被映射成内部地址，IPv4 主机被映射成全局地址。

8.7　IPv6 的优势和特点

与 IPv4 相比，IPv6 具有以下优势和特点。

（1）具有更大的地址空间。IPv4 的地址长度为 32 位，最大地址个数为 2^{32}；而 IPv6 的地址长度为 128 位，最大地址个数为 2^{128}。

（2）使用更小的路由表。IPv6 的地址分配从一开始就遵循聚类（Aggregation）的原则，这使得路由器能在路由表中用一条记录表示一片子网，大大缩短了路由器中路由表的长度，提高了路由器转发数据包的速度。

（3）增强了组播支持以及对流的控制，使得网络上的多媒体应用有了长足发展的机会，为服务质量控制提供了良好的网络平台。

（4）加入了对自动配置的支持，这是对 DHCP 协议的改进和扩展，使得网络尤其是局域网的管理更加方便和快捷。

（5）具有更高的安全性。在使用 IPv6 网络的过程中，用户可以对网络层的数据进行加密、对 IP 报文进行校验，IPv6 中的加密与鉴别选项提供了分组的保密性与完整性，极大地增强了网络的安全性。

（6）允许协议扩充。当新的技术或应用需要时，IPv6 允许协议扩充。

（7）更好的头部格式。IPv6 使用新的头部格式，其选项与基本头部分开，如果需要，可将选项插入基本头部与上层数据之间，因为大多数的选项不需要由路由选择，所以简化和加速了路由选择的过程。

（8）增加了新的选项。IPv6 增加了一些新的选项来实现附加的功能。

虽然 IPv6 在全球范围内还仅处于研究阶段，许多技术问题还有待进一步解决，并且支持 IPv6 的设备也非常有限，但总体来说，全球 IPv6 技术在不断发展，并且在当前 IPv4 地址耗尽的情况下，许多国家已经意识到 IPv6 技术带来的优势，正在通过各种项目推动 IPv6 的建设和发展。

本章小结

本章介绍了 IPv6 技术的相关知识，包括 IPv6 地址表示方法、IPv6 地址类型、IPv6 数据报结构、IPv6 地址配置协议、IPv6 路由协议、IPv6 过渡技术（包括双协议栈技术、隧道技术、网络地址转换技术）、IPv6 的优势和特点。

习题

1. IPv6 的地址长度为（　　　）。

    A. 32 位   B. 48 位

    C. 64 位   D. 128 位

2. 下列与 IPv6 地址 2001:0db8:0000:0000:0000:0000:142c:57ab 不等价的是（　　　）。

    A. 2001:0db8:0:0:0:0:142c:57ab   B. 2001:0db8:0::0:142c:57ab

    C. 2001:0db8::142c:57ab   D. 2001:0db8:0:142c:57ab

3. 下列 IPv6 地址表示错误的是（　　　）。

    A. 2001::25de::cade   B. 2001:CF08::1428:57ab

    C. ::19AC:57ab   D. DBA:C0FB:57ab::

4. IPv6 协议定义了三种地址类型，分别是＿＿＿＿＿＿、＿＿＿＿＿＿和＿＿＿＿＿＿。

5. IPv4 向 IPv6 过渡采用的技术有＿＿＿＿＿＿＿、＿＿＿＿＿＿＿和＿＿＿＿＿＿。

6. 判断下列 IPv6 地址表示是否正确。

    （1）2001:0DB8:0000:0000:0000:0000:1428:57ab   （　　）

    （2）2001:0DB8:0000:0000:0000::1428:57ab   （　　）

    （3）2001:0DB8:0:0:0:0:1428:57ab   （　　）

    （4）2001:0DB8:0::0:1428:57ab   （　　）

    （5）2001:DB8::1428:57ab   （　　）

    （6）2001::25de::cade   （　　）

第 **9** 章

网络安全

随着计算机网络和数字经济的蓬勃发展，网络攻击呈现出复杂化、武器化的特征，网络安全需求进入爆炸式增长期，因此高标准设计、高质量建设、高可靠运行、高水平保障成为网络安全规划的重要内容。

9.1 网络安全的概念

网络安全是指网络系统的硬件、软件以及系统中的数据受到保护，不会由于偶然或恶意的原因而遭到破坏、更改、泄露，系统能连续、可靠和正常运行，网络服务不中断。

从广义来说，凡是涉及网络上信息的保密性、完整性、可用性、真实性和可控性的相关技术和理论都是网络安全的研究领域。

网络安全涉及防火墙技术、病毒防护技术、入侵检测技术、安全扫描技术、认证和数字签名技术、VPN 技术等多方面的安全技术。

9.2 网络安全的实现层次

从 OSI 参考模型来看，网络安全的实现可以归纳为网络层安全和应用层安全两个层次。

1. 网络层安全

网络层安全是指保护网络不受攻击，确保网络服务的可用性，保证同 Internet 互联的边界安全，防范来自 Internet 的网络入侵和攻击行为的发生。

2. 应用层安全

应用层安全是指保护用户数据和网络资源的安全，主要包括合法用户能够以指定的方式访问指定的信息，非法用户不能访问任何信息。

9.3　计算机病毒

计算机病毒是指人为编制的能够破坏计算机功能或者毁坏数据，影响计算机使用，并能自我复制的一组计算机指令或者程序代码。

国家计算机病毒应急处理中心在 2019 年 9 月 15 日发布的《第十八次计算机病毒和移动终端病毒疫情调查报告》显示，2018 年我国计算机病毒感染率为 64.59%，比上年上升32.85%，移动终端病毒感染率为 45.4%，比上年上升 11.84%。这表明，网络安全问题呈现出易变性、不确定性、规模性和模糊性的特点，网络安全事件成为大概率事件，信息泄露、勒索病毒等重大网络安全事件多有发生。

9.3.1　计算机病毒的类型

按照病毒依附的媒体类型的不同，计算机病毒分为以下几种类型。

（1）网络病毒：通过计算机网络感染可执行文件的计算机病毒。

（2）文件病毒：攻击计算机文件的病毒。

（3）引导型病毒：主攻感染驱动扇区和硬盘系统引导扇区的病毒。

按照计算机算法的不同，计算机病毒分为以下几种类型。

（1）附带型病毒：通常附带于一个 EXE 可执行文件上，其名称与 EXE 文件名相同，但扩展名不同。

（2）蠕虫病毒：一种无须计算机使用者干预即可运行的独立程序，它通过不停地获得网络中存在漏洞的计算机上的部分或全部控制权来进行传播。

（3）可变病毒：可以自行应用复杂算法的病毒，因为这种病毒在不同地方表现的内容和长度不同，所以这种病毒很难被发现。

9.3.2　计算机病毒的传播途径

计算机病毒有自己的传播模式和传播途径，通常交换数据的地方就可以进行病毒的传播。常见的计算机病毒传播方式有以下三种。

（1）通过移动存储设备传播：如 U 盘、移动硬盘等都可以是传播病毒的路径，而且因为它们经常被交叉使用，所以它们更容易得到计算机病毒的青睐，成为计算机病毒的携带者。

（2）通过网络传播：通过网络传播病毒的途径包括网页、电子邮件、QQ、BBS 等，在这种传播方式下，计算机病毒的传播速度越来越快，范围越来越广。

（3）利用计算机系统和应用软件的漏洞传播：近年来，越来越多的计算机病毒开始利用应用系统和应用软件的漏洞进行传播。

9.3.3 蠕虫病毒

蠕虫病毒通过不停地获得网络中存在漏洞的计算机上的部分或全部控制权来进行传播。根据蠕虫病毒在计算机及网络中传播方式的不同，大致将其分为以下五种类型。

1. 电子邮件（E-mail）蠕虫病毒

通过电子邮件传播的蠕虫病毒以附件的形式存在或者是指在信件中包含被蠕虫感染的网站链接地址，当用户单击附件阅读时激活蠕虫病毒，或在用户点击被蠕虫感染的网站链接时激活蠕虫病毒。

2. 即时通信软件蠕虫病毒

即时通信软件蠕虫病毒是指利用即时通信软件（如 QQ、MSN 等）通过对话窗口向在线好友发送欺骗性的信息，该信息一般会包含一个链接。在接收窗口中，用户直接点击链接并启动 IELE 就会和这台服务器连接，下载链接病毒页面。这个病毒页面中含有恶意代码，会把蠕虫下载到本机并运行，这样就完成了一次传播，然后以该机器为基点，向本机所能发现的好友发送同样的欺骗性信息，继续传播蠕虫病毒。

3. P2P 蠕虫病毒

P2P 蠕虫病毒是利用 P2P 网络进行传播的蠕虫病毒。根据发现目标和激活方式的不同，P2P 蠕虫病毒分为伪装型、沉默型和主动型三种。

4. 漏洞传播的蠕虫病毒

漏洞传播的蠕虫病毒就是基于漏洞来进行传播的蠕虫病毒，一般分为两类：一类是基于 Windows 共享网络和 UNIX 网络文件系统的蠕虫病毒；另一类是通过攻击操作系统或者网络服务的漏洞来进行传播的蠕虫病毒。

5. 基于搜索引擎传播的蠕虫病毒

基于搜索引擎传播的蠕虫病毒，通常自身携带一个与漏洞相关的关键字列表，利用此列表在搜索引擎上搜索，当在搜索结果中找到存在漏洞的主机时则进行攻击。其特点是流量小、目标准确、隐蔽性强、传播速度快，在整个传播过程中，它和正常的搜索请求一样，所以能够很容易地混入正常的流量，而且很难被发现。

9.3.4 计算机病毒的防范措施

计算机病毒时时刻刻在准备发出攻击，但计算机病毒也是可以防范和控制的，用户可以通过下面几个方面来减少计算机病毒对计算机带来的破坏。

（1）安装最新的杀毒软件，每天升级杀毒软件病毒库，定时对计算机进行病毒查杀，上网时要开启杀毒软件的全部监控。

（2）培养良好的上网习惯，例如，慎重打开不明邮件及附件；不执行从网络下载后未经杀毒处理的软件；不随便浏览或登录陌生的网站，现在有很多网站被潜入恶意代码，一旦被用户打开，就会被植入木马或其他病毒。

（3）培养自觉的信息安全意识，在使用移动存储设备时，尽可能不要共享这些设备，在对信息安全要求比较高的场所，应将计算机上面的 USB 接口封闭。

（4）打全操作系统补丁，同时，将应用软件升级到最新版本，避免病毒从网页以木马的方式入侵系统或者通过其他应用软件漏洞来进行病毒的传播。

（5）受到病毒侵害的计算机要尽快隔离，如果发现计算机网络一直中断或者网络异常，则立即切断网络，以免病毒在网络中传播。

9.4　DoS 攻击

DoS（Denial of Service，拒绝服务）攻击是指攻击者利用 TCP 三次握手的漏洞，通过各种手段消耗被攻击者的网络带宽和系统资源，使被攻击者陷于瘫痪，从而拒绝正常的访问服务。

DoS 攻击的原理如图 9-1 所示，首先攻击者向被攻击者发送大量的虚假 IP 地址请求，被攻击者在收到请求后返回确认信息，并等待攻击者确认，由于该过程需要进行 TCP 三次握手，而攻击者发送的请求信息是虚假的，被攻击者接收不到返回的确认信息，因此被攻击者会一直处于等待状态，直至连接因超时而断开，当攻击者通过软件发送大量此类虚假请求时，被攻击者的资源最终被耗尽，直至瘫痪无法正常提供服务。

图 9-1　DoS 攻击的原理

9.4.1　DoS 攻击常见方式

常见的 DoS 攻击方式有 TCP SYN 泛洪（SYN Flood）、ping 泛洪（ping-Flood）、UDP 泛洪（UDP-Flood）、分片炸弹（Fragmentation Bomb）、缓冲区溢出（Buffer Overflow）和 ICMP 路由重定向炸弹（ICMP Routing Redirect Bomb）。

1. TCP SYN 泛洪

TCP SYN 泛洪是利用 TCP 建立连接时需要进行三次握手的过程，并结合 IP 源地址欺骗实现的。SYN 代表同步序列编号（Synchronize Sequence Numbers），是 TCP/IP 协议建立连接时使用的握手信号。客户机和服务器在建立 TCP 连接时，客户机首先发出一个 SYN 消息，服务器使用 SYN+ACK 应答，表示收到了这个消息，最后客户机再以 ACK 消息响应，通过这种机制在客户机和服务器之间建立可靠的 TCP 连接。

TCP SYN 泛洪攻击的原理是：攻击者将其自身的源地址伪装成一个私有地址向本地系统的 TCP 服务发起连接请求，本地 TCP 服务回复一个 SYN+ACK 作为响应，然而该响应发往的地址并非攻击者的真实地址，而是攻击者伪装的私有地址。由于该私有地址是不存在的，因此本地系统收不到 RST 标志位消息以结束这个半打开连接。本地 TCP 服务接下来要等待接收一个 ACK 回应，但是该回应永远不会到来，该半打开连接会保持打开状态直至连接超时，因此有限的连接资源被消耗了，大量的这种请求最终导致本地服务无法接收更多的连接请求。

2．ping 泛洪

ping 泛洪是指攻击者通过 ping 发送 ICMP 的 echo 请求，强制系统进行无用的应答，降低系统网络质量，主要实现的方法有 3 种：一是将 ping 包的源地址伪装成受害者的地址并向整台主机所在的网络广播该 echo 请求，这样的请求会使很多的响应发送给受害者机器；二是通过 Internet 在受害者机器中安装木马程序并在某一时刻向某主机发送大量 echo 请求；三是攻击者发送更多简单的 ping 泛洪来淹没数据连接。

3．UDP 泛洪

不同于 TCP 协议，UDP 协议是无状态的，即没有任何信息可以指明下一个期望到来的数据包，所以 UDP 服务更易受到 DoS 攻击的影响，很多站点都禁止使用非必要的 UDP 端口。

4．分片炸弹

当数据包从一个网络发送到下一个网络时，超过 MTU 值的数据包会被分片，第一个分片会包含 UDP 或者 TCP 报头中的源端口和目的端口，后面的分片不包含。分片炸弹则会将 UDP 或者 TCP 报文中的源端口和目的端口包含在第二个分片中，而很多防火墙并不会检查第二个及之后的分片，从而导致攻击的发生。

5．缓冲区溢出

缓冲区溢出是指覆盖程序的数据空间或者运行时的堆栈使系统或者服务崩溃。

6．ICMP 路由重定向炸弹

ICMP 重定向报文是 ICMP 控制报文的一种，用以提示目的主机改变自己的路由。黑客会利用这个机制向被攻击的主机发送 ICMP 重定向信息，从而让该主机按照黑客的要求来修改路由表。

9.4.2　DDoS 攻击

DDoS（Distributed Denial of Service，分布式拒绝服务）攻击是指被黑客控制的大量主机（被称为僵尸电脑或"肉鸡"）同时向同一主机或网络发起 DoS 攻击，如图 9-2 所示。被控制的主机还会继续通过各种方式控制更多主机，包括利用网站漏洞、木马、恶意软件以及破解弱认证以获得远程访问等。

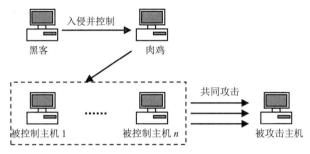

图 9-2　DDoS 攻击的原理

可以看出，DoS 完成的是一对一攻击，而 DDoS 完成的是多对一攻击。

针对 DDoS 攻击的防御方法主要包括如下几种。

（1）及时更新服务器系统补丁。

（2）关闭不必要的服务。

（3）限制同时打开的 SYN 半连接数目。

（4）缩短 SYN 半连接的超时时间。

（5）正确设置防火墙，主要内容包括如下几项。

- 禁止对主机的非开放服务的访问。

- 限制特定 IP 地址的访问。

- 启用防火墙的防 DDoS 属性。

- 严格限制对外开放的服务器向外访问。

- 运行端口映射程序和端口扫描程序，检查特权端口和非特权端口。

（6）检查网络设备和主机/服务器系统的日志，只要日志出现漏洞或时间发生变更，则这台机器就可能遭到了攻击。

（7）限制在防火墙外共享网络文件，减少给黑客截取系统文件的机会。

（8）设置路由器 SYN 数据包流量的速率。

（9）设置路由器访问控制列表（ACL）。

9.4.3　DRDoS 攻击

DRDoS（Distributed Reflection Denial of Service，分布式反射拒绝服务）与 DoS、DDoS 不同，该方式的原理是：发送大量伪造的以源地址作为被攻击主机 IP 地址的数据包给被欺骗的主机,这些被欺骗的主机会对被攻击主机做出大量回应,导致被攻击主机陷入瘫痪,从而拒绝正常访问,如图 9-3 所示。

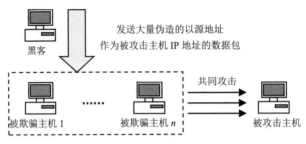

发送大量伪造的以源地址
作为被攻击主机 IP 地址的数据包

黑客

被欺骗主机 1 ...... 被欺骗主机 *n*

共同攻击

被攻击主机

图 9-3　DRDoS 攻击的原理

黑客往往会选择利用那些响应包远大于请求包的服务,这样才能以较小的流量换取更大的流量,实现几倍甚至几十倍的放大效果。

一般来说,可以用于放大 DRDoS 攻击的服务主要有如下几个。

(1) DNS 服务:即 Domain Name System,域名系统。

(2) NTP 服务:即 Network Time Protocol,网络时间协议。

(3) SSDP 服务:即 Simple Server Discovery Protocol,简单服务发现协议。

(4) Chargen 服务:TCP 连接建立后,服务器通过 Chargen 服务不断地传送任意字符到客户端,直到客户端关闭连接。

(5) Memcached 服务:即分布式的高速缓存系统,是一套开源软件,被许多网站使用。由于 Memcached 缺乏认证以及安全管制,因此需要将 Memcached 服务器放置在防火墙后。

在 DoS、DDoS 和 DRDoS 三种攻击中,危害最大的是 DDoS 攻击。

9.5　防火墙

防火墙(Firewall)是通过结合各类用于安全管理与筛选的软件和硬件设备,帮助计算机网络在内、外网之间构建一道相对隔绝的保护屏障,实现信息安全保护的一种技术,应用形式如图 9-4 所示。

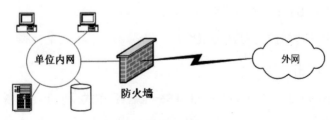

单位内网

防火墙

外网

图 9-4　防火墙的应用形式

防火墙对流经它的网络通信进行扫描，从而过滤一些攻击，它还可以关闭不使用的端口、禁止特定端口的通信流、封锁特洛伊木马、禁止来自特殊站点的访问、防止不明的通信入侵。

9.5.1 防火墙的功能

防火墙的功能有多个，典型功能主要有如下几个。

（1）过滤进出的数据。

（2）管理进出的访问行为。

（3）封堵某些禁止的业务。

（4）记录通过防火墙的信息和活动。

（5）对网络攻击进行检测和报警。

9.5.2 防火墙的主要类型

防火墙的主要类型包括过滤型防火墙、应用代理防火墙和复合型防火墙。

1. 过滤型防火墙

过滤型防火墙工作在网络层与传输层中，可以基于数据源头的地址以及协议类型等标志特征进行分析，确定该数据是否可以通过。符合防火墙规则的数据可以通过，而不安全的因素则会被防火墙过滤、阻挡。

过滤型防火墙的主要过滤策略如下。

（1）拒绝或允许来自某主机或某网段的特定或所有连接。

（2）拒绝或允许来自某主机或某网段的指定端口的连接。

（3）拒绝或允许本地主机或本地网络与其他主机或其他网络的特定或所有连接。

（4）拒绝或允许本地主机或本地网络与其他主机或其他网络的指定端口的连接。

2. 应用代理防火墙

应用代理防火墙工作在应用层中，主要特征是可以完全隔离网络通信流，通过特定的代理程序就可以实现对应用层的监督与控制。

3. 复合型防火墙

复合型防火墙综合了过滤型防火墙和应用代理防火墙的优点，同时摒弃了两种防火墙的原有缺点，大大提高了防火墙技术在应用实践中的灵活性和安全性。例如，如果是包过滤策略，那么可以针对报文的报头部分进行访问控制；如果是代理策略，那么可以针对报文的内容数据进行访问控制。

9.5.3 防火墙的部署方式

防火墙的部署方式有多种，常见的有桥模式、网关模式和 NAT 模式。

1．桥模式

桥模式也被称为透明模式，该模式在客户端和服务器端之间增加了防火墙设备，客户端请求通过防火墙送达服务器端，服务器端将响应返回客户端，用户感觉不到中间设备的存在。

2．网关模式

网关模式适用于内、外网不在同一网段的情况，防火墙通过设置网关实现路由器的功能，为不同网段进行路由转发。网关模式相比桥模式具备更高的安全性，并且在进行访问控制的同时可以实现安全隔离，具备一定的私密性。

3．NAT 模式

在 NAT 模式下，外网不能直接看到内网的 IP 地址，进一步增强了对内网的安全防护。同时，在 NAT 模式的网络中，内网可以使用私网地址，从而解决 IP 地址数量受限的问题。

9.6 配置 ACL

ACL（Access Control List，访问控制列表）使用包过滤技术，在路由器上读取第三层及第四层包头中的信息，如源地址、目的地址、源端口、目的端口等，根据预先定义好的规则对包进行过滤，从而达到访问控制的目的，减少网络攻击。该技术在初期仅在路由器上支持，近些年已经扩展到三层交换机，部分最新的二层交换机也开始提供 ACL 的支持。

路由器端口有如下两个方向。

- out（出方向）：经路由器处理后的要离开路由器端口的数据包。
- in（入方向）：已到达路由器端口的数据包，将被路由器处理。

在配置时，用户需要为每种协议、每个端口、每个方向（in/out）配置一个 ACL，如果不配置 ACL，则路由器将转发网络链路上的所有数据包。

9.6.1 定义 ACL

在全局模式下定义 ACL，命令如下。

```
Router(config)#access-list {access-list-number} {permit/deny} {test-conditions}
```

其中，access-list-number 为自定义的 ACL 序号，不同类型 ACL 及其对应序号如表 9-1 所示。test-conditions 为控制的协议和 IP 地址范围，IP 地址可以是子网、一组地址或单一节点地址，也可以利用通配符掩码来决定检查地址的哪些位。通配符掩码用反掩码表示，为 0 的位表示需要检查的位，为 1 的位表示不需要检查的位。

表 9-1　不同类型 ACL 及其对应序号

ACL 类型	access-list-number
标准 IP	1～99，1300～1999
扩展 IP	100～199，2000～2699
AppleTalk	600～699
标准 IPX	800～899
扩展 IPX	900～999
IPX SAP	1000～1099

例如，172.30.16.29 0.0.0.0 表示检查 172.30.16.29 的所有地址位，简写为 host 172.30.16.29，再如，0.0.0.0 255.255.255.255 代表所有主机，可以简写为 any。

例如，以下命令表示拒绝 172.16.4.0/24 网络的数据通过 FTP 协议传输到 172.16.3.0/24 网络，允许其他数据通过。

> Router(config)#access-list 101 deny tcp 172.16.4.0 0.0.0.255 172.16.3.0 0.0.0.255 eq 21
> Router(config)#access-list 101 deny tcp 172.16.4.0 0.0.0.255 172.16.3.0 0.0.0.255 eq 20
> Router(config)#access-list 101 permit ip any any

需要注意的是，FTP 协议的端口号包括 20 和 21，其中，20 用于传输数据，21 用于控制信息。ACL 配置中常用协议及其默认端口号如表 9-2 所示。

表 9-2　ACL 配置中常用协议及其默认端口号

协　　议	默认端口号
FTP	20（用于传输数据） 21（用于控制信息）
Telnet	23
SMTP	25
DNS	53
HTTP（WWW）	80

再如，以下命令表示拒绝 172.16.4.0/24 网络的主机建立 Telnet 会话，允许其他数据通过。

> Router(config)#access-list 101 deny tcp 172.16.4.0 0.0.0.255 any eq 23
> Router(config)#access-list 101 permit ip any any

在上述命令中，eq 23 可以写成 eq telnet。

9.6.2　应用 ACL

ACL 作用于具体端口，需要进入端口模式才能应用 ACL，命令如下。

> Router(config-if)# {protocol} access-group {access-list-number} {in/out}

其中，protocol 为应用 ACL 的协议。access-list-number 为定义的 ACL 序号。in 表示入方向，数据从外到内进入端口的数据方向，即接收数据。out 表示出方向，数据从内到外离开端口的数据方向，即发送数据。

如图 9-5 所示，只允许 172.16.4.0/24 网络的主机通过 e0/0 端口进入网络 172.16.3.0/24，其他的被禁止。

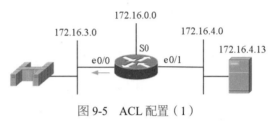

图 9-5　ACL 配置（1）

对应的 ACL 命令如下。

```
Router(config)#access-list 5 permit 172.16.4.0 0.0.0.255
Router(config)#int e0/0
Router(config-if)#ip access-group 5 out
```

9.6.3　ACL 配置规范

ACL 按照"自上而下，依次匹配"的原则执行，在默认情况下，每个 ACL 末尾都有一个隐式的 deny all 子句，即拒绝未显式允许的任何内容。

如图 9-6 所示，只允许网络 B 192.168.10.1 中的主机通过 R1 的 f0/0 端口访问网络 A，网络 B 中的任何其他主机均不允许访问网络 A。

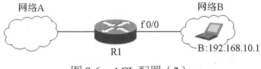

图 9-6　ACL 配置（2）

对应的 ACL 命令如下。

```
Router(config)#access-list 1 permit host 192.168.10.1
Router(config)#int f0/0
Router(config-if)#ip access-group 1 in
```

对于如图 9-6 所示的网络，使用以下命令阻止主机 192.168.10.1 通过 R1 的 f0/0 端口访问网络 A，而允许其他所有主机访问网络 A，由于每个 ACL 都包含隐式的 deny all 子句，因此需要使用 access-list 1 permit any 命令允许其他所有的数据包通过 f0/0 端口。

```
Router(config)#access-list 1 deny host 192.168.10.1
Router(config)#access-list 1 permit any
Router(config)#int f0/0
Router(config-if)#ip access-group 1 in
```

需要注意的是，如果将上述命令中前 2 条的顺序颠倒，则第 1 行会匹配每个数据包的源地址，因而第 2 行命令无效，即 ACL 无法阻止主机 192.168.10.1 访问网络 A，修改后的命令如下。

```
Router(config)#access-list 1 permit any
Router(config)#access-list 1 deny host 192.168.10.1
Router(config)#int f0/0
Router(config-if)#ip access-group 1 in
```

9.6.4　ACL 配置举例

下面通过几个具体的例子介绍 ACL 的配置方法。

【例 9-1】编写 ACL 禁止路由器 g0/0 端口转发来自网络 172.16.3.0/24 的数据，而允许转发其他任意数据的代码。

```
Router(config)#access-list 2 deny 172.16.3.0 0.0.0.255
Router(config)#access-list 2 permit any
Router(config)#int g0/0
Router(config-if)#ip access-group 2 out
```

【例 9-2】编写 ACL 在路由器 f0/0 端口允许 192.168.1.2 的主机访问服务器 192.168.3.2 的 WWW 服务，禁止 192.168.1.2 访问 192.168.3.2 的其他服务的代码。

```
Router(config)#access-list 101 permit tcp host 192.168.1.2 host 192.168.3.2 eq www
Router(config)#access-list 101 deny ip host 192.168.1.2 host 192.168.3.2
Router(config)#int f0/0
Router(config-if)#ip access-group 101 in
```

在上述命令中，如果没有"eq www"，则表示可以访问 192.168.3.2 的所有 TCP 端口。

【例 9-3】编写 ACL 在路由器 f0/0 端口通过扩展 ACL 实现只允许 192.168.2.2 访问 192.168.1.2 的 80 端口，192.168.3.2 访问 192.168.1.2 的 DNS 的代码。

```
router(config)#ip access-list extended myabc
router(config ext-nacl)#permit udp host 192.168.3.2 host 192.168.1.2 eq 53
router(config ext-nacl)#permit tcp host 192.168.2.2 host 192.168.1.2 eq 80
router(config ext-nacl)#exit
router(config)#int f0/0
router(config-if)#ip access-group myabc out
```

本章小结

本章首先介绍了计算机网络安全的概念和实现层次，计算机病毒的类型、传播途径和防范措施，以及蠕虫病毒的分类，DoS 攻击的原理和方式，DDoS 攻击和 DRDoS 攻击的防御方法。然后介绍了防火墙的功能、主要类型和部署方式。最后介绍了预防网络攻击的重要途径，即配置 ACL，介绍了 ACL 的定义、应用方法和配置规范。

习题

1. 防火墙的主要类型有＿＿＿＿＿＿＿＿、＿＿＿＿＿＿＿＿和＿＿＿＿＿＿＿＿。

2. 防火墙的部署方式有＿＿＿＿＿＿＿＿、＿＿＿＿＿＿＿＿和＿＿＿＿＿＿＿＿。

3. 什么是 DoS 攻击？

4. 什么是 DDoS 攻击？

5. 什么是 DRDoS 攻击？

6. 防火墙的主要功能有哪些？

7. 编写 ACL 实现在路由器 g0/0 端口拒绝来自 172.16.5.0/24 网络的主机通过 telnet 远程登录主机 192.168.1.1 的代码。

8. 编写 ACL 实现在路由器 g0/0 端口拒绝来自 10.0.0.1 网络的主机的数据，允许其他任意数据通过的代码。

第 **10** 章

网络实验

计算机网络是一门实践性很强的课程，为了使学习者更好地掌握相关知识和技能，本章从实用的角度出发，循序渐进地设计了 18 个网络实验，除制作双绞线的实验之外，其余实验均在思科的 Cisco Packet Tracer Student（下面简称 Cisco Packet Tracer）仿真软件中完成，学习者需要安装该仿真软件。

实验 1 制作双绞线

【实验目的与要求】

- 掌握 EIA/TIA 568A 和 568B 标准的排线顺序。
- 掌握双绞线的制作方法。

【实验材料及工具】

超五类双绞线 1 根（长度不限），RJ-45 水晶头 2 个，压线钳 1 把，网线测试仪 1 个。

【实验原理】

双绞线接线标准分为 EIA/TIA 568A 和 568B 两种，这两种标准的排线顺序如图 10-1 所示。

脚 位	1	2	3	4	5	6	7	8
T568A	白绿	绿	白橙	蓝	白蓝	橙	白棕	棕
T568B	白橙	橙	白绿	蓝	白蓝	绿	白棕	棕

图 10-1 EIA/TIA 568A 和 568B 标准的排线顺序

根据排线顺序的不同，双绞线分为直通线和交叉线两种。

- 直通线：两头都采用 568B 标准排线，用于异种设备的连接，如 PC 连接交换机、交换机连接路由器。

- 交叉线：一头采用 568A 标准排线，另一头采用 568B 标准排线，用于同种设备的连接，如 PC 连接 PC、交换机连接交换机。

【实验过程】

（1）用压线钳剥离双绞线的外套层（保护层），切除长度约为 5cm，方法是将双绞线放入压线钳的剥线刀口（即压线钳带有凹弧形的剥线槽处），手握紧压线钳并旋转 1～2 个来回，然后从压线钳中取出双绞线，最后用手握住双绞线的一端进行旋转抽掉外套层，如图 10-2 所示。

图 10-2　用压线钳剥离双绞线的外套层

（2）将去掉外套层的双绞线按照 568B 标准的排线顺序进行排序并压整齐，如图 10-3 所示。

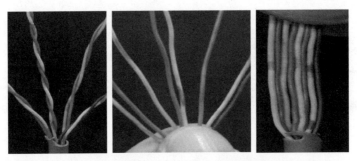

图 10-3　按照 568B 标准的排线顺序进行排序并压整齐

（3）按图 10-4 所示，剪掉多余的导线，剪线时双绞线的外套层需达到如图 10-4 所示的位置，否则水晶头无法压固双绞线外套层。

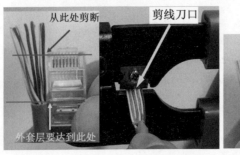

图 10-4　剪线

（4）按图 10-5 所示，让水晶头能看到铜片的一面朝向自己，然后将已排序的 8 根双绞线对准水晶头并插入对应的线槽中。需要注意的是，要将 8 根线都插到与水晶头铜片顶端对齐的位置，并且双绞线外套层要超过如图 10-5 所示的位置。

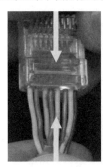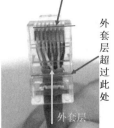

图 10-5　将双绞线插入水晶头

（5）按图 10-6 所示，将插入双绞线的水晶头放入压线钳的压头槽中，然后双手用力握压线钳把手，直到听到咔嚓声，说明压线完成，双绞线的一头制作完成。需要注意的是，有时听不到咔嚓声也并不代表没有压好。

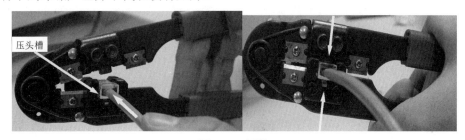

图 10-6　压线

（6）按照上述方法继续制作双绞线的另一头，制作完成的双绞线如图 10-7 所示。

图 10-7　制作完成的双绞线

（7）将制作好的双绞线插入网线测试仪进行测试，如图 10-8 所示，打开测试仪电源开关，如果双绞线制作正确，则测试仪会依次按照 1→2→3→4→5→6→7→8 的顺序同时点亮两排灯。如果两排灯点亮的顺序不一致，或者有的灯不亮，则说明双绞线有问题，无法使用。

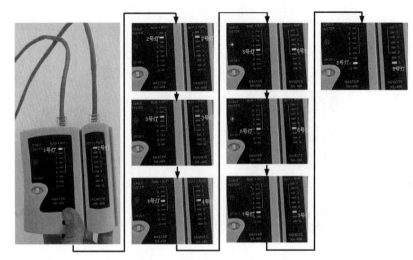

图 10-8　测试双绞线

在测试双绞线时常见的故障及产生的原因包括如下几个。

- 某灯不亮，说明该灯对应线路断路。

- 多灯同时亮，说明对应多线短路。

- 不按顺序亮，说明水晶头的排线顺序不对。

实验 2　单交换机配置 VLAN

【实验目的与要求】

- 理解基于端口划分 VLAN 的配置原理。

- 掌握基于端口划分 VLAN 的配置方法。

- 掌握 VLAN 虚接口 IP 地址的配置方法。

- 掌握 Cisco Packet Tracer 的基本使用方法。

【实验原理】

VLAN 是指在网络的物理拓扑结构上建立的多个逻辑网络，这些逻辑网络中的计算机不受地理位置和物理连接的限制。同一 VLAN 内的计算机可以相互访问，而不同 VLAN 间的计算机不能直接访问。

本实验在一个交换机中实现基于端口划分 VLAN 的操作。

1．交换机的操作模式

交换机的操作模式有用户模式、特权模式、全局模式和端口模式。

（1）用户模式。

用户模式是进入交换机后的第一个操作模式。在该模式下，用户可以查看交换机的软、硬件版本信息，并进行简单的测试。

用户模式的提示符为 Switch>。

（2）特权模式。

特权模式是由用户模式进入的下一级模式。在该模式下，用户可以管理交换机的配置文件、查看交换机的配置信息、测试和调试网络等。

特权模式的提示符为 Switch#。

由用户模式进入特权模式的方法如下。

```
Switch>enable    //enable 可简写为 en
Switch#
```

（3）全局模式。

全局模式是由特权模式进入的下一级模式。在该模式下，用户可以配置交换机的全局性参数，例如，命名交换机、创建 VLAN。

全局模式的提示符为 Switch(config)#。

由特权模式进入全局模式的方法如下。

```
Switch#configure terminal    //configure terminal 可简写为 conf t
Switch(config)#
```

（4）端口模式。

端口模式是由全局模式进入的下一级模式。在该模式下，用户可以对交换机的端口参数进行配置，如划分 VLAN、设置端口速率和工作模式等，配置完成后需要激活端口才能使用。

端口模式的提示符为 Switch(config-if)#。

由全局模式进入端口模式并激活端口的方法如下。

```
Switch(config)# interface [端口标识]    // interface 可简写为 int
Switch(config-if)#
Switch(config-if)#no shutdown    //激活端口，no shutdown 可简写为 no sh
```

（5）返回命令。

exit 命令表示退回上一级操作模式。

end 命令表示用户从特权模式以下级别直接返回特权模式。

2. 交换机的端口类型

交换机的端口类型主要有以下两种。

（1）Access 端口（访问端口）。

Access 端口用于交换机与计算机的连接，一个 Access 端口只能转发一个 VLAN 的数据。

（2）Trunk 端口（汇聚端口）。

Trunk 端口用于交换机之间的连接。由于在 Trunk 端口流通的数据帧中附加了用于识别不同 VLAN 的标记信息，因此一个 Trunk 端口可以转发多个不同 VLAN 的数据。

3. 创建 VLAN

在交换机全局模式下创建 VLAN，命令如下。

```
Switch(config)#vlan [VLAN 号]
```

需要说明的是，交换机中默认内置了编号为 1 的 VLAN，因此不需要创建 VLAN1。

4. 将交换机端口划分至 VLAN 中

进入交换机端口模式后，将端口划分至具体的 VLAN 中，命令如下。

```
Switch(config)#int [端口标识]          //进入要划分的端口
Switch(config-if)#switchport mode access      //将端口定义为 Access 端口
Switch(config-if)#switchport access vlan [VLAN 号]      //将端口划分至 VLAN 中
```

在上述命令中，switchport 可简写为 sw，mode 可简写为 mo，access 可简写为 acc。

需要说明的是，交换机的所有端口默认都属于 VLAN1。

5. 为 VLAN 设置 IP 地址

VLAN 可以作为交换机的虚接口使用，用户可以像操作交换机普通端口一样为 VLAN配置 IP 地址和其对应的子网掩码，完成后需要开启此虚接口，命令如下。

```
Switch(config)#int vlan [VLAN 号]      //进入 VLAN
Switch(config-if)#ip address [IP 地址] [IP 地址对应的子网掩码]      //address 可简写为 add
Switch(config-if)#no shutdown      //开启虚接口，no shutdown 可简写为 no sh
```

【实验过程】

（1）启动 Cisco Packet Tracer，首先在软件界面左下角区域单击交换机图标，如图 10-9①所示，此时软件右侧会出现全部的交换机，然后将鼠标指针移动到要添加的交换机型号图标（例如，图 10-9 中②处的 2950-24 交换机）上，单击该图标，此时 2950-24 交换机的图标会变成 ⊙，接着将鼠标指针移动到软件界面的空白区域并单击，这样 2950-24 交换机就添加进来了。

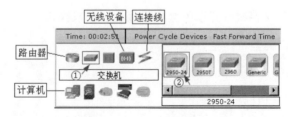

图 10-9　添加交换机

按照上述方法继续添加 4 台计算机，并用连接线将 2950-24 交换机和 4 台计算机连接起来，选择连接线时请单击 图标，即自动连接线类型（Automation Choose Connection Type），它会根据连接设备的类型自动选择连接线。单击 图标后，分别在要连接的两台设备上单击，这两台设备就连接起来了，最后形成的网络拓扑结构如图 10-10 所示。

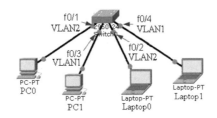

图 10-10　单交换机配置 VLAN 网络拓扑结构

需要说明的是，按住 Ctrl 键的同时单击设备图标，可在软件界面空白区域单击一次鼠标添加一台设备，从而提高设备添加速度。

需要强调的是，读者实际连接的交换机端口请与如图 10-10 所示的端口保持一致。例如，在图 10-10 中，PC0 连接的是交换机的 f0/1 端口，读者在连接的时候不要连到其他端口上，这样实际的操作命令就可以与教材给出的命令完全相同了。如果实验出现问题，则可以对照教材给出的命令查找原因。

如果读者实际连接的交换机端口与如图 10-10 所示的端口不一致，则可以修改连接的端口，方法是单击要改变连接端口的交换机一侧连接线的绿色圆点（例如，单击 f0/1 端口的绿色圆点），这根连接线会断开，然后拖动鼠标在交换机上单击，会弹出交换机端口选择列表，如图 10-11 所示，选择要连接的端口，连接线就会重新连接在该端口上。

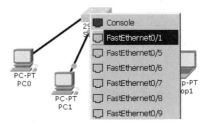

图 10-11　修改连接端口

（2）设置各计算机的 IP 地址和子网掩码。

单击图 10-10 中的 PC0 图标，弹出如图 10-12 所示的界面，选择①所指的"Config"选项卡，然后选择②所指的"FastEthernet0"选项，接着单击③所指的"Static"（静态）单选按钮，在④所指的"IP Address"文本框中输入 PC0 的 IP 地址"192.168.1.2"，单击⑤所指的"Subnet Mask"文本框，该文本框会自动生成并添加"192.168.1.2"对应的子网掩码"255.255.255.0"，用户也可以修改该子网掩码。

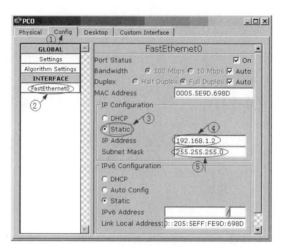

图 10-12　配置 PC0 的 IP 地址和子网掩码

按照同样的方法设置 PC1、Laptop0 和 Laptop1 的 IP 地址和子网掩码，各计算机对应的 IP 地址和子网掩码分别如下。

- PC1 的 IP 地址为 192.168.1.3；子网掩码为 255.255.255.0。
- Laptop0 的 IP 地址为 192.168.1.4；子网掩码为 255.255.255.0。
- Laptop1 的 IP 地址为 192.168.1.5；子网掩码为 255.255.255.0。

（3）为交换机创建 VLAN2。

单击图 10-10 中的 2950-24 交换机图标，然后在弹出的界面中选择 "CLI" 选项卡，进入交换机命令行界面，如图 10-13 所示，按回车键进入交换机的用户模式。

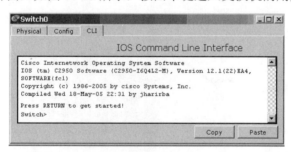

图 10-13　交换机命令行界面

在命令行中输入如下命令创建 VLAN2。

```
Switch>en
Switch#conf t
Switch(config)#vlan2
Switch(config-vlan)#exit
Switch(config)#
```

（4）将交换机的 f0/1 端口划分到 VLAN2 中。

```
Switch(config)#int f0/1
Switch(config-if)#switchport access vlan2
Switch(config-if)#exit
Switch(config)#
```

（5）将交换机的 f0/2 端口划分到 VLAN2 中。

```
Switch(config)#int f0/2
Switch(config-if)#switchport access vlan2
Switch(config-if)#exit
Switch(config)#
```

以上命令输入完成后，单击 Cisco Packet Tracer 主菜单中的"保存"图标🖫，弹出"Save File"（保存文件）对话框，选择文件保存位置，并输入文件名后，单击"保存"按钮将当前实验配置保存起来，如图 10-14 所示。需要注意的是，Cisco Packet Tracer 实验文件的类型为 pkt。

图 10-14　保存实验配置

（6）用 PC0 ping PC1，检查两者是否连通。

单击图 10-10 中的 PC0 图标，在弹出的如图 10-15 所示的界面中选择①所指的"Desktop"（桌面）选项卡，再单击②所指的"Command Prompt"（命令行）图标进入 PC0 的命令行界面，输入 ping 192.168.1.3 并按回车键，出现"Request timed out"信息，如图 10-16 所示，说明 PC0 ping 不通 PC1，原因是两者不属于同一 VLAN，PC1 连接的 f0/3 端口属于 VLAN1，而 PC0 连接的 f0/1 端口属于 VLAN2。

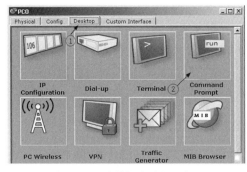

图 10-15　计算机命令行图标

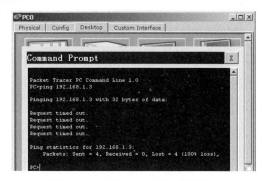

图 10-16　PC0 ping PC1 的结果

（7）用 PC0 ping Laptop0，检查两者是否连通。

继续在 PC0 的命令行中输入如下命令。

```
ping 192.168.1.4
```

结果如下。

```
Pinging 192.168.1.4 with 32 bytes of data:
Reply from 192.168.1.4: bytes=32 time=16ms TTL=128
……
```

结果表明，PC0 可以 ping 通 Laptop0，ping 通的原因是两者都属于 VLAN2。

（8）为交换机的 VLAN2 设置 IP 地址（192.168.1.6）和子网掩码（255.255.255.0）。

```
Switch(config)#int vlan2
Switch(config-if)#ip address 192.168.1.6 255.255.255.0
Switch(config-if)#no shut
Switch(config-if)#
```

（9）在特权模式下查看交换机端口信息。

```
Switch#show int f0/1
```

实验3 跨交换机配置 VLAN

【实验目的与要求】

- 理解跨交换机配置 VLAN 的原理。
- 掌握跨交换机配置 VLAN 的方法。

【实验原理】

跨交换机配置 VLAN 是指在不同交换机中建立若干个 VLAN，实现各自 VLAN 间的成员通信。在跨交换机配置 VLAN 时，需要将交换机的级联端口设置为 Trunk 端口。

Trunk 端口可以允许多个 VLAN 通过，Trunk 端口流通的数据帧都被附加了用于识别不同 VLAN 的标记，从而可以实现多个不同 VLAN 数据的转发。

在图 10-17 所示的网络拓扑结构中，PC0 通过 f0/1 端口接入交换机 Switch0，Laptop1 通过 f0/2 端口接入交换机 Switch1。PC0 和 Laptop1 跨交换机实现 VLAN 通信需满足以下条件。

（1）Switch0 和 Switch1 均要建立 VLAN2。

（2）Switch0 的 f0/1 端口和 Switch1 的 f0/2 端口均要划分到 VLAN2 中。

（3）两台交换机的级联端口，即 Switch0 的 f0/3 端口和 Switch1 的 f0/4 端口需设置为 Trunk 端口。

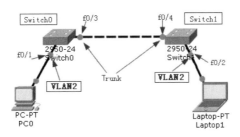

图 10-17　跨交换机配置 VLAN 网络拓扑结构（1）

交换机 Trunk 端口的主要操作命令如下。

> interface [端口标识]

执行上述命令可以进入要分配的端口。

> switchport mode trunk

上述命令将端口定义为 Trunk 端口。执行后，该端口将放通所有的 VLAN。

> switchport trunk allowed vlan add [VLAN 号]

上述命令用于定义放通的 VLAN，执行时先删除之前所有的 VLAN 放通设置，然后添加新的 VLAN 号。

例如，VLAN1 和 VLAN2 原来是放通的，执行 switchport trunk allowed vlan add 2 命令后，VLAN1 将不能通过 Trunk 端口，只有 VLAN2 才能通过 Trunk 端口。

再如，执行 switchport trunk allowed vlan add 2,3 命令后，只允许 VLAN2、VLAN3 通过 Trunk 端口，其他 VLAN 均不能通过 Trunk 端口。

> switchport trunk allowed vlan remove [VLAN 号]

上述命令用于定义不能放通的 VLAN，但不改变其他 VLAN 的放通设置。

例如，执行 switchport trunk allowed vlan remove 1 命令后，VLAN1 不能通过 Trunk 端口，但不改变其他 VLAN 的放通设置。

【实验过程】

（1）启动 Cisco Packet Tracer，按图 10-18 所示，添加交换机和计算机，然后进行各设备之间的连接，并设置各计算机的 IP 地址及其对应的子网掩码。

（2）在交换机 Switch0 上创建 VLAN2。进入交换机 Switch0 的命令行界面，输入如下命令。

```
Switch>en
Switch#conf t
Switch(config)#vlan2
Switch(config-vlan)#exit
Switch(config)#
```

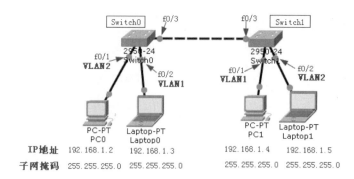

图 10-18　跨交换机配置 VLAN 网络拓扑结构（2）

（3）将 Switch0 的 f0/1 端口划分到 VLAN2 中。

```
Switch(config)#int f0/1
Switch(config-if)#switchport access vlan2
Switch(config-if)#exit
Switch(config)#
```

（4）将 Switch0 的 f0/3 端口配置成 Trunk 端口。

```
Switch#conf t
Switch(config)#int f0/3
Switch(config-if)#switchport mode trunk
Switch(config-if)#exit
Switch(config)#
```

（5）在交换机 Switch1 上创建 VLAN2。进入交换机 Switch1 的命令行界面，输入如下命令。

```
Switch>en
Switch#conf t
Switch(config)#vlan2
Switch(config-vlan)#exit
Switch(config)#
```

（6）将 Switch1 的 f0/2 端口划分到 VLAN2 中。

```
Switch(config)#int f0/2
Switch(config-if)#switchport access vlan2
Switch(config-if)#exit
Switch(config)#
```

（7）用 PC0 ping Laptop1，查看是否可以 ping 通。进入 PC0 的命令行界面，输入如下命令。

```
ping 192.168.1.5
```

（8）用 PC0 ping PC1，查看是否可以 ping 通。进入 PC0 的命令行界面，输入如下命令。

```
ping 192.168.1.4
```

（9）用 Laptop0 ping PC1，查看是否可以 ping 通。进入 Laptop0 的命令行界面，输入如下命令。

```
ping 192.168.1.4
```

实验 4　静态路由配置

【实验目的与要求】

- 理解静态路由的配置原理。
- 掌握静态路由的配置方法。

【实验原理】

静态路由是通过手动配置的，其特点是简单、开销小、网络安全保密性高，但不能及时适应网络状态的变化。

1．路由器的操作模式

路由器的操作模式有用户模式、特权模式、全局模式和端口模式。

（1）用户模式。

用户模式是进入路由器后的第一个操作模式。在该模式下，用户可以查看路由器的软、硬件版本信息，并进行简单的测试。

用户模式的提示符为 Router>。

（2）特权模式。

特权模式是由用户模式进入的下一级模式。在该模式下，用户可以管理路由器的配置文件、查看路由器的配置信息、测试和调试网络等。

特权模式的提示符为 Router#。

由用户模式进入特权模式的方法如下。

```
Router>enable    //enable 可简写为 en
Router#
```

（3）全局模式。

全局模式是由特权模式进入的下一级模式。在该模式下，用户可以配置路由器的全局性参数。

全局模式的提示符为 Router(config)#。

由特权模式进入全局模式的方法如下。

```
Router#configure terminal     //configure terminal 可简写为 conf t
Router(config)#
```

（4）端口模式。

端口模式是由全局模式进入的下一级模式。在该模式下，用户可以对路由器的端口参数进行配置。

端口模式的提示符为 Router(config-if)#。

由全局模式进入端口模式的方法并进行的相关操作如下。

```
Router(config)# interface [端口标识]   //进入端口模式，interface 可简写为 int
//设置端口的 IP 地址和其对应的子网掩码，address 可简写为 add
Router(config-if)#ip address [IP 地址] [IP 地址对应的子网掩码]
Router(config-if)#no shutdown   //激活端口，关闭端口则用 shutdown，no shutdown 可简写为 no shut
```

（5）返回命令。

exit 命令表示退回上一级操作模式。

end 命令表示用户从特权模式以下级别直接返回特权模式。

2．路由器端口 IP 地址配置原则

路由器端口 IP 地址的配置需满足以下条件。

（1）路由器的端口需要设置 IP 地址。

（2）相邻路由器连接端口的 IP 地址需在同一网段，在图 10-19 中，路由器 A 的 s0 端口连接路由器 B 的 s1 端口，这两个端口的 IP 地址均在 192.168.2.0 网段。

（3）同一路由器的不同端口必须在不同网段，在图 10-19 中，路由器 A 的 f0 端口在 192.168.1.0 网段，s0 端口在 192.168.2.0 网段。

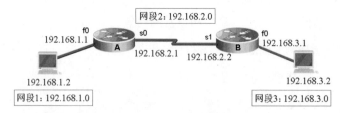

图 10-19　路由器端口 IP 地址配置原则

3．静态路由配置命令

```
router(config)#ip route [目标网络地址] [目标网络的子网掩码] [当前路由器的端口/与当前路由器端口级联的下一跳路由器的端口的 IP 地址]
```

例如，在图 10-19 中，左侧网络（即网段 1）访问右侧网络（即网段 3）的路由命令如下（即配置路由器 A 的 s0 端口）：

> router(config)#ip route 192.168.3.0 255.255.255.0 serial 0　　//用路由器 A 的 s0 端口表示

或者：

> //用下一跳路由器 B 的 s1 端口的 IP 地址 192.168.2.2 表示
> router(config)#ip route 192.168.3.0 255.255.255.0 192.168.2.2

再如，在图 10-19 中，右侧网络（即网段 3）访问左侧网络（即网段 1）的路由命令如下（即配置路由器 B 的 s1 端口）：

> router(config)#ip route 192.168.1.0 255.255.255.0 serial 1　　//用路由器 B 的 s1 端口表示

或者：

> //用下一跳路由器 A 的 s0 端口的 IP 地址 192.168.2.1 表示
> router(config)#ip route 192.168.1.0 255.255.255.0 192.168.2.1

【实验过程】

（1）启动 Cisco Packet Tracer，按图 10-20 所示，添加路由器（本例采用 2901 和 Router-PT）、交换机和计算机，然后进行各设备之间的连接。

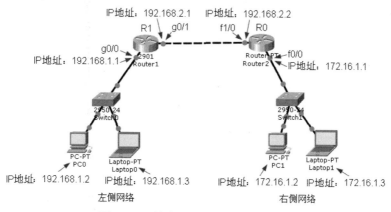

图 10-20　静态路由配置网络拓扑结构

（2）规划各端口的 IP 地址及其对应的子网掩码。各端口的 IP 地址如图 10-20 所示，其中，192.168.1.0、192.168.2.0 和 172.16.1.0 网段的子网掩码均为 255.255.255.0。

（3）设置路由器 R1 的端口的 IP 地址和其对应的子网掩码。

进入路由器命令行界面的方法是，单击图 10-20 中的路由器 R1 图标，在弹出的界面中选择"CLI"选项卡，进入路由器 R1 的命令行界面，如图 10-21 所示。在询问是否需要配置对话框时（Continue with configuration dialog? [yes/no]），输入"no"并按回车键，进入路由器的用户模式，然后输入如下命令。

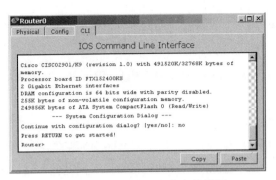

图 10-21　路由器 R1 的命令行界面

- 设置路由器 R1 的 g0/0 端口的 IP 地址（192.168.1.1）和其对应的子网掩码（255.255.255.0）。

```
Router>en
Router#conf t
Router(config)#int g0/0
Router(config-if)#ip address 192.168.1.1 255.255.255.0
Router(config-if)#no shut
Router(config-if)#exit
Router(config)#
```

- 设置路由器 R1 的 g0/1 端口的 IP 地址（192.168.2.1）和其对应的子网掩码（255.255.255.0）。

```
Router(config)#int g0/1
Router(config-if)#ip address 192.168.2.1 255.255.255.0
Router(config-if)#no shut
Router(config-if)#exit
Router(config)#
```

（4）设置路由器 R0 的端口的 IP 地址和其对应的子网掩码。

- 设置路由器 R0 的 f1/0 端口的 IP 地址（192.168.2.2）和其对应的子网掩码（255.255.255.0）。

```
Router>en
Router#conf t
Router(config)#int f1/0
Router(config-if)#ip address 192.168.2.2 255.255.255.0
Router(config-if)#no shut
Router(config-if)#exit
Router(config)#
```

- 设置路由器 R0 的 f0/0 端口的 IP 地址（172.16.1.1）和其对应的子网掩码（255.255.255.0）。

```
Router(config)#int f0/0
Router(config-if)#ip address 172.16.1.1 255.255.255.0
Router(config-if)#no shut
Router(config-if)#exit
Router(config)#
```

（5）配置路由器 R1 的静态路由，实现从左侧到右侧的访问。

```
// "g0/1" 可以换成路由器 R0 的 f1/0 端口的 IP 地址 "192.168.2.2"
Router(config)#ip route 172.16.1.0 255.255.255.0 g0/1
Router(config)#
```

（6）配置路由器 R0 的静态路由，实现从右侧到左侧的访问。

```
// "192.168.2.1" 可以换成路由器 R0 的端口 "f1/0"
Router(config)#ip route 192.168.1.0 255.255.255.0 192.168.2.1
Router(config)#
```

（7）按图 10-20 所示的 IP 地址规划，设置左侧计算机 PC0 和 Laptop0 的 IP 地址、子网掩码和网关，这两台计算机的网关均为 192.168.1.1。

设置计算机网关的方法是：单击图 10-20 中的 PC0 图标，在弹出的界面中选择①所指的 "Config" 选项卡，然后选择②所指的 "Settings"（设置）选项，接着单击③所指的 "Static"（静态）单选按钮，最后在④所指的 "Gateway"（网关）文本框中输入 "192.168.1.1"，如图 10-22 所示。按照同样的方法设置 Laptop0 的网关。

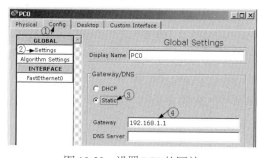

图 10-22　设置 PC0 的网关

（8）按图 10-20 所示的 IP 地址规划，设置右侧计算机 PC1 和 Laptop1 的 IP 地址、子网掩码和网关，这两台计算机的网关均为 172.16.1.1。

（9）使用左侧计算机 PC0 ping 右侧计算机 PC1，检查是否可以 ping 通，命令如下。

```
PC>ping 172.16.1.2
```

结果如下。

```
Pinging 172.16.1.2 with 32 bytes of data:
Reply from 172.16.1.2: bytes=32 time=16ms TTL=126
……
```

结果说明左侧网络可以 ping 通右侧网络。

（10）使用右侧计算机 PC1 ping 左侧计算机 PC0，检查是否可以 ping 通，命令如下。

```
PC>ping 192.168.1.2
```

结果如下。

```
Pinging 192.168.1.2 with 32 bytes of data:
Reply from 192.168.1.2: bytes=32 time=32ms TTL=126
……
```

结果说明右侧网络可以 ping 通左侧网络。

以上结果表明，两侧网络均可以相互 ping 通，说明整个网络的静态路由配置成功。

（11）查看路由器 R0 的路由信息。

```
Router#show ip route
……
S    172.16.1.0 [1/0] via 192.168.2.2
C    192.168.2.0/24 is directly connected, GigabitEthernet0/1
```

可以发现，路由器 R0 的路由信息中已经有了静态路由（S 表示静态路由）。

实验 5　RIP 路由协议配置

【实验目的与要求】

- 理解 RIP 路由协议的配置原理。
- 掌握 RIP 路由协议的配置方法。

【实验原理】

RIP 是一种分布式的基于距离向量的动态路由选择协议，它是内部网关协议 IGP 中最先得到广泛使用的协议。

RIP 协议有两个版本：RIPv1 和 RIPv2。RIPv1 被称为有类路由，即没有子网的概念；RIPv2 提供了网络掩码信息，被称为无类路由。

RIP 协议的配置命令如下。

```
Router(config)# router rip          //启用 RIP 协议
Router(config)# version [版本号]     //指定 RIP 协议版本号
Router(config)# network [网段 1]     //宣告配置 RIP 协议的网段号
……
Router(config)# network [网段 n]
```

如图 10-23 所示，路由器 Router0 和 Router1 均配置了 RIP 协议，在规划好 IP 地址后，两台路由器需要分别宣告配置 RIP 协议的网段。

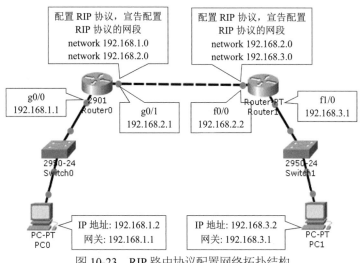

图 10-23　RIP 路由协议配置网络拓扑结构

【实验过程】

（1）启动 Cisco Packet Tracer，按图 10-23 所示，添加路由器（本例采用 2901 和 Router-PT）、交换机和计算机，然后进行各设备之间的连接。

（2）规划各端口的 IP 地址。各端口的 IP 地址如图 10-23 所示，各 IP 地址对应的子网掩码均为 255.255.255.0。

（3）设置左侧路由器 Router0 的端口的 IP 地址和其对应的子网掩码。

- 设置路由器 Router0 的 g0/0 端口的 IP 地址（192.168.1.1）和其对应的子网掩码（255.255.255.0）。

```
Router>en
Router#conf t
Router(config)#int g0/0
Router(config-if)#ip address 192.168.1.1 255.255.255.0
Router(config-if)#no shut
Router(config-if)#exit
Router(config)#
```

- 设置路由器 Router0 的 g0/1 端口的 IP 地址（192.168.2.1）和其对应的子网掩码（255.255.255.0）。

```
Router(config)#int g0/1
Router(config-if)#ip address 192.168.2.1 255.255.255.0
Router(config-if)#no shut
Router(config-if)#end
Router#
```

（4）设置右侧路由器 Router1 的端口的 IP 地址和其对应的子网掩码。

- 设置路由器 Router1 的 f0/0 端口的 IP 地址（192.168.2.2）和其对应的子网掩码（255.255.255.0）。

```
Router>en
Router#conf t
Router(config)#int f0/0
Router(config-if)#ip address 192.168.2.2 255.255.255.0
Router(config-if)#no shut
Router(config-if)#exit
Router(config)#
```

- 设置路由器 Router1 的 f1/0 端口的 IP 地址（192.168.3.1）和其对应的子网掩码（255.255.255.0）。

```
Router(config)#int f1/0
Router(config-if)#ip address 192.168.3.1 255.255.255.0
Router(config-if)#no shut
Router(config-if)#end
Router#
```

（5）按图 10-23 所示的 IP 地址和网关规划来配置 PC0 和 PC1 的 IP 地址和网关。

（6）配置 RIP 协议。

- 配置左侧路由器 Router0 的 RIP 协议。

```
Router#conf t
Router(config)#router rip
Router(config-router)#version 2
Router(config-router)#network 192.168.1.0
Router(config-router)#network 192.168.2.0
Router(config-router)#end
Router#
```

- 配置右侧路由器 Router1 的 RIP 协议。

```
Router#conf t
Router(config)#router rip
Router(config-router)#version 2
Router(config-router)#network 192.168.2.0
Router(config-router)#network 192.168.3.0
Router(config-router)#end
Router#
```

（7）查看路由信息。

- 查看右侧路由器 Router1 的路由信息，可以发现其路由信息中包含左侧路由器

Router0 的 RIP 路由。

```
Router#show ip route
……
R        192.168.1.0/24 [120/1] via 192.168.2.1, 00:00:09, FastEthernet0/0
C        192.168.2.0/24 is directly connected, FastEthernet0/0
C        192.168.3.0/24 is directly connected, FastEthernet1/0
```

- 查看左侧路由器 Router0 的路由信息，可以发现其路由信息中包含右侧路由器
Router1 的 RIP 路由。

```
Router#show ip route
……
C        192.168.2.0/24 is directly connected, GigabitEthernet0/1
L        192.168.2.1/32 is directly connected, GigabitEthernet0/1
R        192.168.3.0/24 [120/1] via 192.168.2.2, 00:00:25, GigabitEthernet0/1
```

（8）测试两侧网络的连通性。用 PC0 ping PC1，查看是否可以 ping 通，进入 PC0 的
命令行界面，输入如下命令。

```
ping 192.168.3.2
```

如果可以 ping 通，则说明两台路由器的 RIP 路由协议配置成功。

实验 6　OSPF 路由协议配置

【实验目的与要求】

- 理解 OSPF 路由协议的配置原理。
- 掌握 OSPF 路由协议的配置方法。

【实验原理】

OSPF 是一个内部网关协议，由于没有路由跳数的限制，因此 OSPF 被广泛应用于
Internet 中。

当网络中包含多个区域时，OSPF 协议规定其中必须有一个 area 0，它被称为骨干区
域，处于所有其他区域的中心，所有区域都必须与骨干区域在物理或逻辑上相连。

配置 OSPF 协议的命令如下。

```
//启用 OSPF 协议，指定 OSPF 协议进程号，进程号的取值范围是 1～65535（即 2^16−1）
Router(config)#router ospf   [OSPF 进程号]
// 宣告配置 OSPF 协议的网段
Router(config-router)#network [网段 1] [网段 1 的反掩码] area [区域号]
……
Router(config-router)#network [网段 n] [网段 n 的反掩码] area [区域号]
```

如图 10-24 所示，路由器 Router0 和 Router1 均配置了 OSPF 协议，在规划好 IP 地址后，两台路由器需要分别宣告配置 OSPF 协议的网段。

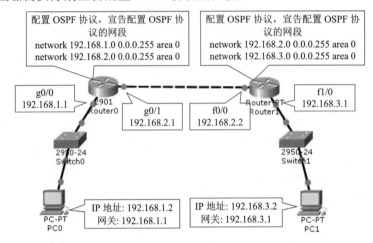

图 10-24　OSPF 路由协议配置网络拓扑结构

【实验过程】

（1）启动 Cisco Packet Tracer，按图 10-24 所示，添加路由器（本例采用 2901 和 Router-PT）、交换机和计算机，然后进行各设备之间的连接。

（2）规划各端口的 IP 地址。各端口的 IP 地址如图 10-24 所示，各 IP 地址对应的子网掩码均为 255.255.255.0。

（3）设置左侧路由器 Router0 的端口的 IP 地址和其对应的子网掩码。

- 设置路由器 Router0 的 g0/0 端口的 IP 地址（192.168.1.1）和其对应的子网掩码（255.255.255.0）。

```
Router>en
Router#conf t
Router(config)#int g0/0
Router(config-if)#ip address 192.168.1.1 255.255.255.0
Router(config-if)#no shut
Router(config-if)#exit
Router(config)#
```

- 设置路由器 Router0 的 g0/1 端口的 IP 地址（192.168.2.1）和其对应的子网掩码（255.255.255.0）。

```
Router(config)#int g0/1
Router(config-if)#ip address 192.168.2.1 255.255.255.0
Router(config-if)#no shut
Router(config-if)#end
Router#
```

（4）设置右侧路由器 Router1 的端口的 IP 地址和其对应的子网掩码。

- 设置路由器 Router1 的 f0/0 端口的 IP 地址（192.168.2.2）和其对应的子网掩码（255.255.255.0）。

```
Router>en
Router#conf t
Router(config)#int f0/0
Router(config-if)#ip address 192.168.2.2 255.255.255.0
Router(config-if)#no shut
Router(config-if)#exit
Router(config)#
```

- 设置路由器 Router1 的 f1/0 端口的 IP 地址（192.168.3.1）和其对应的子网掩码（255.255.255.0）。

```
Router(config)#int f1/0
Router(config-if)#ip address 192.168.3.1 255.255.255.0
Router(config-if)#no shut
Router(config-if)#end
Router#
```

（5）配置 PC0 和 PC1 的 IP 地址和网关。

按图 10-24 中规划的 IP 地址和网关配置 PC0 和 PC1 的 IP 地址和网关。

（6）配置 OSPF 协议。

- 配置左侧路由器 Router0 的 OSPF 协议。

```
Router#conf t
Router(config)#router ospf 1
Router(config-router)#network 192.168.1.0 0.0.0.255 area 0
Router(config-router)#network 192.168.2.0 0.0.0.255 area 0
Router(config-router)#end
Router#
```

- 配置右侧路由器 Router1 的 OSPF 协议。

```
Router>en
Router#conf t
Router(config)#router ospf 1
Router(config-router)#network 192.168.2.0 0.0.0.255 area 0
Router(config-router)#network 192.168.3.0 0.0.0.255 area 0
Router(config-router)#end
Router#
```

（7）查看路由信息。

- 查看右侧路由器 Router1 的路由信息，可以发现其路由信息中包含左侧路由器

Router0 的 OSPF 路由。

```
Router#show ip route
......
O     192.168.1.0/24 [110/2] via 192.168.2.1, 00:00:34, FastEthernet0/0
C     192.168.2.0/24 is directly connected, FastEthernet0/0
C     192.168.3.0/24 is directly connected, FastEthernet1/0
```

● 查看左侧路由器 Router0 的路由信息，可以发现其路由信息中包含右侧路由器 Router1 的 OSPF 路由。

```
Router#show ip route
......
C     192.168.1.0/24 is directly connected, GigabitEthernet0/0
C     192.168.2.0/24 is directly connected, GigabitEthernet0/1
O     192.168.3.0/24 [110/2] via 192.168.2.2, 00:04:27, GigabitEthernet0/1
```

（8）测试两侧网络的连通性。用 PC0 ping PC1，查看是否可以 ping 通，进入 PC0 的命令行界面，输入如下命令。

```
ping 192.168.3.2
```

如果可以 ping 通，则说明两台路由器的 OSPF 路由协议配置成功。

实验 7　BGP 路由协议配置

【实验目的与要求】

● 理解 BGP 路由协议的配置原理。
● 掌握 BGP 路由协议的配置方法。

【实验原理】

BGP 是运行于 TCP 协议上的一种自治系统的外部路由协议，主要功能是和其他 BGP 系统交换网络可达信息。

配置 BGP 协议的命令如下。

```
Router(config)#router bgp [本自治系统号]        //启动 BGP 协议，指定自治系统号
//指定本自治系统的邻居网络
Router(config-router)#neighbor [邻居网络相连端口的 IP 地址] remote-as [邻居自治系统号]
......
```

BGP 协议配置完成后，域间自治系统还需要宣告本自治系统的网络信息，命令如下。

```
Router(config-router)#network [本自治系统网络地址] mask [本自治系统子网掩码]
```

三个自治系统（AS100、AS200、AS300），以及三台边界路由器连接的端口和 IP 地址

如图 10-25 所示，AS100 和 AS300 为跨 AS200 的域间自治系统，需要分别宣告各自治系统的网络信息。

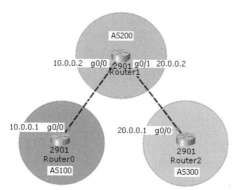

图 10-25　BGP 路由协议配置网络拓扑结构

在图 10-25 中，自治系统 AS100 的 BGP 协议配置命令如下。

```
Router(config)#router bgp 100                    //启动 BGP 协议，指定自治系统号为 100
Router(config-router)#neighbor 10.0.0.2 remote-as 200 //指明邻居网络
Router(config-router)#network 10.0.0.0 mask 255.0.0.0//宣告本自治系统的网络信息
```

【实验过程】

（1）启动 Cisco Packet Tracer，按图 10-25 所示，添加路由器（本例采用 2901），然后连接各路由器。

（2）规划各端口的 IP 地址。各端口的 IP 地址如图 10-25 所示，各 IP 地址对应的子网掩码均为 255.0.0.0。

（3）设置路由器 Router0 的 g0/0 端口的 IP 地址和其对应的子网掩码。

```
Router>en
Router#conf t
Router(config)#int g0/0
Router(config-if)#ip add 10.0.0.1 255.0.0.0
Router(config-if)#no shut
Router(config-if)#
```

（4）设置路由器 Router1 的端口的 IP 地址和其对应的子网掩码。

● 设置路由器 Router1 的 g0/0 端口的 IP 地址和其对应的子网掩码。

```
Router>en
Router#conf t
Router(config)#int g0/0
Router(config-if)#ip add 10.0.0.2 255.0.0.0
Router(config-if)#no shut
Router(config-if)#
```

- 设置路由器 Router1 的 g0/1 端口的 IP 地址和其对应的子网掩码。

```
Router(config-if)#int g0/1
Router(config-if)#ip add 20.0.0.2 255.0.0.0
Router(config-if)#no shut
Router(config-if)#
```

（5）设置路由器 Router2 的 g0/0 端口的 IP 地址和其对应的子网掩码。

```
Router>en
Router#conf t
Router(config)#int g0/0
Router(config-if)#ip add 20.0.0.1 255.0.0.0
Router(config-if)#no shut
Router(config-if)#
```

（6）配置路由器 Router0 的 BGP 协议，并宣告本自治系统的网络信息。

```
Router>en
Router#conf t
Router(config)#router bgp 100
Router(config-router)#neighbor 10.0.0.2 remote-as 200
Router(config-router)#network 10.0.0.0 mask 255.0.0.0
Router(config-router)#
```

（7）配置路由器 Router1 的 BGP 协议。

```
Router>en
Router#conf t
Router(config)#router bgp 200
Router(config-router)#neighbor 10.0.0.1 remote-as 100
Router(config-router)#neighbor 20.0.0.1 remote-as 300
Router(config-router)#
```

（8）配置路由器 Router2 的 BGP 协议，并宣告本自治系统的网络信息。

```
Router>en
Router#conf t
Router(config)#router bgp 300
Router(config-router)#neighbor 20.0.0.2 remote-as 200
Router(config-router)#network 20.0.0.0 mask 255.0.0.0
Router(config-router)#
```

（9）查看路由器 Router0 的路由信息。

```
Router#show ip route
    ……
```

```
C       10.0.0.0/8 is directly connected, GigabitEthernet0/0
L       10.0.0.1/32 is directly connected, GigabitEthernet0/0
B       20.0.0.0/8 [20/0] via 10.0.0.2, 00:44:09
```

其中，B 表示 BGP 路由，表明路由器 Router0 的路由信息中包含自治系统 AS300 的网络信息，通过 10.0.0.2 到达自治系统 AS300。如果没有此路由，那么路由器 Router0 和路由器 Router2 无法相互 ping 通。

（10）查看路由器 Router2 的路由信息。

```
Router#show ip route
……
B       10.0.0.0/8 [20/0] via 20.0.0.2, 00:44:37
C       20.0.0.0/8 is directly connected, GigabitEthernet0/0
L       20.0.0.1/32 is directly connected, GigabitEthernet0/0
```

其中，B 表示 BGP 路由，表明路由器 Router2 的路由信息中包含自治系统 AS100 的网络信息，通过 20.0.0.2 到达自治系统 AS100。如果没有此路由，那么路由器 Router0 和路由器 Router2 无法相互 ping 通。

（11）测试路由器 Router0 和路由器 Router2 的连通性，在路由器 Router0 的特权模式下 ping 路由器 Router2 的 g0/0 端口的 IP 地址 20.0.0.1。

```
Router#ping 20.0.0.1
Sending 5, 100-byte ICMP Echos to 20.0.0.1, timeout is 2 seconds:
!!!!!
Success rate is 100 percent (5/5), round-trip min/avg/max = 0/0/0 ms
Router#
```

结果表明，路由器 Router0 可以 ping 通路由器 Router2。

实验 8　多路由协议配置

【实验目的与要求】

- 理解多路由协议配置的原理。
- 掌握多路由协议配置的方法。

【实验原理】

实际上，操作者经常在一个大型网络中同时配置多个路由协议，以满足网络的需求。

如图 10-26 所示，左侧路由器 Router0 的左端配置了 RIP 协议，右端配置了 OSPF 协议。右侧路由器 Router1 的左端配置了 OSPF 协议，右端配置了 RIP 协议。

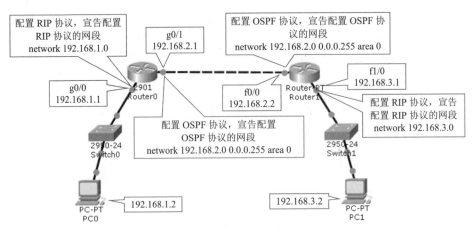

图 10-26　多路由协议配置网络拓扑结构

配置好各自的路由协议之后，路由器还需要进行路由重分布。路由重分布是指将路由信息从一个路由进程重分布到另一个路由进程。

RIP 协议的配置命令如下。

Router(config)# router rip	//启用 RIP 协议
Router(config)# version [版本号]	//指定 RIP 协议版本号
Router(config)# network [网段]	//宣告配置 RIP 协议的网段

OSPF 协议的配置命令如下。

//启用 OSPF 协议，指定 OSPF 协议进程号，进程号的取值范围是 1～65535（即 $2^{16}-1$）
Router(config)#router ospf　[OSPF 进程号]
//宣告配置 OSPF 协议的网段，区域号为 0 表示骨干区域
Router(config-router)#network [网段 1] [网段 1 的反掩码] area [区域号]

路由重分布的命令如下所示。

（1）RIP 路由向 OSPF 路由进行路由重分布。

Router(config)#router rip
Router(config-router)#redistribute ospf　[OSPF 进程号]

（2）OSPF 路由向 RIP 路由进行路由重分布。

Router(config)#router ospf　[OSPF 进程号]
Router(config-router)#redistribute rip subnets

【实验过程】

（1）启动 Cisco Packet Tracer，按图 10-26 所示，添加路由器（本例采用 2901 和 Router-PT）、交换机和计算机，然后进行各设备之间的连接。

（2）规划各端口的 IP 地址。各端口的 IP 地址如图 10-26 所示，各 IP 地址对应的子网掩码均为 255.255.255.0。

（3）设置左侧路由器 Router0 的端口的 IP 地址和其对应的子网掩码。

- 设置路由器 Router0 的 g0/0 端口的 IP 地址（192.168.1.1）和其对应的子网掩码（255.255.255.0）。

```
Router>en
Router#conf t
Router(config)#int g0/0
Router(config-if)#ip address 192.168.1.1 255.255.255.0
Router(config-if)#no shut
Router(config-if)#exit
Router(config)#
```

- 设置路由器 Router0 的 g0/1 端口的 IP 地址（192.168.2.1）和其对应的子网掩码（255.255.255.0）。

```
Router(config)#int g0/1
Router(config-if)#ip address 192.168.2.1 255.255.255.0
Router(config-if)#no shut
Router(config-if)#end
Router#
```

（4）设置右侧路由器 Router1 的端口的 IP 地址和其对应的子网掩码。

- 设置路由器 Router1 的 f0/0 端口的 IP 地址（192.168.2.2）和其对应的子网掩码（255.255.255.0）。

```
Router>en
Router#conf t
Router(config)#int f0/0
Router(config-if)#ip address 192.168.2.2 255.255.255.0
Router(config-if)#no shut
Router(config-if)#exit
Router(config)#
```

- 设置路由器 Router1 的 f1/0 端口的 IP 地址（192.168.3.1）和其对应的子网掩码（255.255.255.0）。

```
Router(config)#int f1/0
Router(config-if)#ip address 192.168.3.1 255.255.255.0
Router(config-if)#no shut
Router(config-if)#end
Router#
```

（5）配置 PC0 和 PC1 的 IP 地址和网关。PC0 的 IP 地址为 192.168.1.2，网关为 192.168.1.1。PC1 的 IP 地址为 192.168.3.2，网关为 192.168.3.1。

（6）配置左侧路由器 Router0 的协议，左端配置 RIP 协议，右端配置 OSPF 协议。

● 左端配置 RIP 协议。

```
Router>en
Router#conf t
Router(config)#router rip
Router(config-router)#version 2
Router(config-router)#network 192.168.1.0
Router(config-router)#exit
Router(config)#
```

● 右端配置 OSPF 协议。

```
Router(config)#router ospf 1
Router(config-router)#network 192.168.2.0 0.0.0.255 area 0
Router(config-router)#end
Router#
```

（7）配置右侧路由器 Router1 的协议，左端配置 OSPF 协议，右端配置 RIP 协议。

● 左端配置 OSPF 协议。

```
Router>
Router>en
Router#conf t
Router(config)#router ospf 1
Router(config-router)#network 192.168.2.0 0.0.0.255 area 0
Router(config-router)#exit
Router(config)#
```

● 右端配置 RIP 协议。

```
Router(config)#router rip
Router(config-router)#version 2
Router(config-router)#network 192.168.3.0
Router(config-router)#exit
Router(config)#
```

（8）左侧路由器 Router0 进行路由重分布。进入左侧路由器 Router0 的命令行界面，执行以下命令。

● RIP 路由向 OSPF 路由进行路由重分布。

```
Router(config)#router rip
Router(config-router)#redistribute ospf 1
Router(config-router)#exit
Router(config)#
```

● OSPF 路由向 RIP 路由进行路由重分布。

```
Router(config)#router ospf 1
Router(config-router)#redistribute rip subnets
Router(config-router)#end
Router#
```

（9）右侧路由器 Router1 进行路由重分布。进入右侧路由器 Router1 的命令行界面，执行以下命令。

● RIP 路由向 OSPF 路由进行路由重分布。

```
Router(config)#router rip
Router(config-router)#redistribute ospf 1
Router(config-router)#exit
Router(config)#
```

● OSPF 路由向 RIP 路由进行路由重分布。

```
Router(config)#router ospf 1
Router(config-router)#redistribute rip subnets
Router(config-router)#end
Router#
```

（10）查看右侧路由器 Router1 的路由信息，可以发现其路由信息中包含左侧路由器 Router0 的 OSPF 路由。

```
Router#show ip route
    O    E2 192.168.1.0/24 [110/20] via 192.168.2.1, 00:01:03, FastEthernet0/0
    C    192.168.2.0/24 is directly connected, FastEthernet0/0
    C    192.168.3.0/24 is directly connected, FastEthernet1/0
```

（11）查看左侧路由器 Router0 的路由信息，可以发现其路由信息中包含右侧路由器 Router1 的 OSPF 路由。

```
Router#show ip route
    ……
    C    192.168.1.0/24 is directly connected, GigabitEthernet0/0
    C    192.168.2.0/24 is directly connected, GigabitEthernet0/1
    O    E2 192.168.3.0/24 [110/20] via 192.168.2.2, 00:00:42, GigabitEthernet0/1
```

（12）测试两侧网络的连通性。用 PC0 ping PC1，查看是否可以 ping 通，进入 PC0 的命令行界面，输入如下命令。

```
ping 192.168.3.2
```

如果可以 ping 通，则说明两台路由器的多路由协议配置成功。

实验 9 不同 VLAN 间的成员通信

【实验目的与要求】

- 掌握不同 VLAN 间的成员通信的实现原理。
- 掌握不同 VLAN 间的成员通信的配置方法。

【实验原理】

通过二层交换机可以实现同一 VLAN 间的成员通信，但无法实现不同 VLAN 间的成员通信。如果要实现不同 VLAN 间的成员通信，则需要借助路由器或三层交换机。

如图 10-27 所示，在三层交换机 MS0 和二层交换机 S1 构成的网络中创建了 VLAN2 和 VLAN3，为实现 VLAN2 和 VLAN3 间的成员通信，需为三层交换机 MS0 中的 VLAN2 和 VLAN3 配置虚接口 IP 地址和子网掩码（各 IP 地址对应的子网掩码均为 255.255.255.0），并配置两个虚接口之间的静态路由。

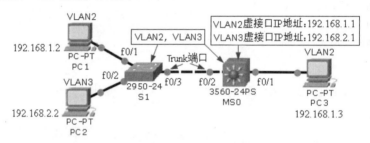

图 10-27 不同 VLAN 间的成员通信网络拓扑结构

三层交换机配置 VLAN 虚接口静态路由的命令如下。

ip route [目标网络地址] [目标网络的子网掩码] [跃点网络地址]

以图 10-27 中的 IP 地址为例，为三层交换机 MS0 中的 VLAN2 和 VLAN3 配置静态路由的命令如下。

```
Switch(config)#ip route 192.168.1.0 255.255.255.0 192.168.2.0
Switch(config)#ip route 192.168.2.0 255.255.255.0 192.168.1.0
Switch(config)#ip routing    //开启路由功能
Switch(config)#
```

配置成功后，PC1、PC2、PC3 之间即可相互 ping 通。

【实验过程】

（1）启动 Cisco Packet Tracer，按图 10-27 所示，添加三层交换机（3560-24PS）、二层交换机（2950-24）和计算机，然后进行各设备之间的连接。

（2）规划各端口的 IP 地址。各端口的 IP 地址如图 10-27 所示，各 IP 地址对应的子网掩码均为 255.255.255.0。

（3）在二层交换机 S1 中创建 VLAN2 和 VLAN3。

- 在二层交换机 S1 中创建 VLAN2。

```
Switch>en
Switch#conf t
Switch(config)#vlan2
Switch(config-vlan)#exit
Switch(config)#
```

- 在二层交换机 S1 中创建 VLAN3。

```
Switch(config)#vlan3
Switch(config-vlan)#exit
Switch(config)#
```

（4）将二层交换机 S1 中的端口 f0/1 和 f0/2 分别添加到 VLAN2 和 VLAN3 中。

- 将二层交换机 S1 的端口 f0/1 添加到 VLAN2 中。

```
Switch(config)#int f0/1
Switch(config-if)#switchport access vlan2
Switch(config-if)#end
Switch#
```

- 将二层交换机 S1 的端口 f0/2 添加到 VLAN3 中。

```
Switch#conf t
Switch(config)#int f0/2
Switch(config-if)#switchport access vlan3
Switch(config-if)#end
Switch#
```

（5）将二层交换机 S1 的端口 f0/3 配置成 Trunk 端口。

```
Switch#conf t
Switch(config)#int f0/3
Switch(config-if)#switchport mode trunk
Switch(config-if)#
```

注意：配置完成后，与二层交换机 S1 的端口 f0/3 连接的三层交换机 MS0 的端口 f0/2 自动变为 Trunk 端口。

（6）在三层交换机 MS0 中创建 VLAN2 和 VLAN3。

- 在三层交换机 MS0 中创建 VLAN2。

```
Switch>en
Switch#conf t
Switch(config)#vlan2
```

```
Switch(config-vlan)#exit
Switch(config)#
```

- 在三层交换机 MS0 中创建 VLAN3。

```
Switch(config)#vlan3
Switch(config-vlan)#exit
Switch(config)#
```

（7）将三层交换机 MS0 的 f0/1 端口划分到 VLAN2 中。

```
Switch(config)#int f0/1
Switch(config-if)#switchport access vlan2
Switch(config-if)#end
Switch#
```

（8）为三层交换机 MS0 的 VLAN2、VLAN3 配置虚接口 IP 地址和子网掩码。

- 为 VLAN2 配置虚接口 IP 地址和子网掩码。

```
Switch#conf t
Switch(config)#int vlan2
Switch(config-if)#ip address 192.168.1.1 255.255.255.0
Switch(config-if)#no shutdown
Switch(config-if)#exit
```

- 为 VLAN3 配置虚接口 IP 地址和子网掩码。

```
Switch(config)#int vlan3
Switch(config-if)#ip address 192.168.2.1 255.255.255.0
Switch(config-if)#no shutdown
Switch(config)#end
Switch#
```

（9）为三层交换机 MS0 的 VLAN2、VLAN3 的虚接口配置静态路由。

```
Switch(config)#ip route 192.168.1.0 255.255.255.0 192.168.2.0
Switch(config)#ip route 192.168.2.0 255.255.255.0 192.168.1.0
Switch(config)#ip routing
Switch(config)#
```

（10）配置 PC1 和 PC3 的 IP 地址和网关。

PC1 的 IP 地址为 192.168.1.2，网关为 192.168.1.1。

PC3 的 IP 地址为 192.168.1.3，网关为 192.168.1.1。

（11）配置 PC2 的 IP 地址和网关。

IP 地址：192.168.2.2。

网关：192.168.2.1。

（12）用 PC1 分别 ping PC2、PC3，用 PC2 ping PC3，检查相互之间是否可以 ping 通，若可以 ping 通，则说明实现了不同 VLAN 间的成员通信。

实验 10　DNS 配置

【实验目的与要求】

- 理解 DNS 的解析过程。
- 掌握 DNS 的配置方法。

【实验原理】

DNS 是建立域名和 IP 地址的映射关系，实现通过域名访问 Internet 的服务。图 10-28 模拟了一个 DNS 服务系统，包含 DNS 服务器 Server0、Web 服务器 Server1 和用户 PC。Server1 的 IP 地址为 192.168.0.3，在 DNS 服务器中创建的域名是 www.dnstest.com，该域名与 192.168.0.3 建立了解析关系，用户通过域名 www.dnstest.com 即可访问 IP 地址为 192.168.0.3 的 Web 服务器。

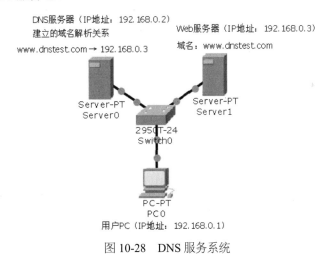

图 10-28　DNS 服务系统

【实验过程】

（1）启动 Cisco Packet Tracer，按图 10-28 所示，添加服务器、交换机和用户 PC，并连接各设备。

（2）规划各端口的 IP 地址，各端口的 IP 地址如图 10-28 所示，各 IP 地址对应的子网掩码均为 255.255.255.0。

（3）单击 DNS 服务器 Server0 图标，在弹出的界面中选择"Services"选项卡，然后选择"DNS"选项，单击右侧的"On"单选按钮，打开 DNS 服务开关，在"Name"文本框中输入域名"www.dnstest.com",在"Address"文本框中输入 Web 服务器的 IP 地址"192.168.0.3",单击"Add"按钮,完成域名解析关系的建立,如图 10-29 所示。

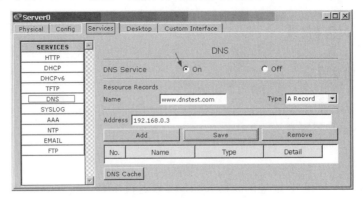

图 10-29 建立域名解析关系

建立成功的域名解析关系显示在表格中,如图 10-30 所示。

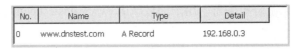

图 10-30 建立成功的域名解析关系

建立成功后,如果需要修改其中的信息,则可单击要修改的记录,在对应的"Name"和"Address"文本框中进行修改,修改后单击"Save"按钮保存即可。

(4)选择"PC0"界面的"Config"选项卡中的"Settings"选项,在"DNS Server"文本框中输入 DNS 服务器的 IP 地址"192.168.0.2",如图 10-31 所示。

(5)选择"PC0"界面的"Desktop"选项卡中的"Web Browser"选项,打开 PC0 的浏览器,在地址栏中输入"http://www.dnstest.com",然后按回车键,就可以看到访问 IP 地址为 192.168.0.3 的 Web 服务器的结果,如图 10-32 所示。

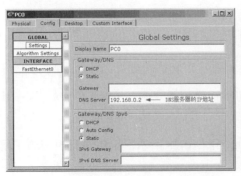

图 10-31 设置 DNS 服务器的 IP 地址

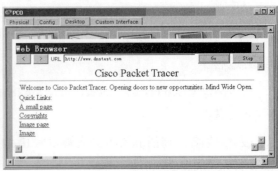

图 10-32 访问结果

（6）通过单步仿真追踪域名解析过程。

- 选择需要追踪的 DNS 和 HTTP 协议。

在 Cisco Packet Tracer 右下角区域单击图 10-33 中①所指的"Simulation"仿真按钮，然后单击②所指的"Edit Filters"过滤器，会弹出如图 10-34 所示的协议过滤类型界面，在该界面中选择③所指的"IPv4"选项卡，勾选④所指的"DNS"复选框，选择⑤所指的"Misc"选项卡，勾选⑥所指的"HTTP"复选框。

 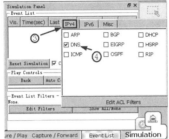 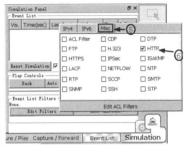

图 10-33　选择仿真和过滤器　　　　　图 10-34　协议过滤类型界面

- 选择"PC0"界面的"Desktop"选项卡中的"Web Browser"选项，打开 PC0 的浏览器，在地址栏中输入"http://www.dnstest.com"，然后按回车键，可以看到 PC0 中待发送的数据包，如图 10-35①所指，单击②所指的"Capture / Forward"按钮，可以看到箭头指向的数据包发给了交换机 Switch0。

图 10-35　查看域名解析过程（1）

- 继续单击"Capture/Forward"按钮，可以看到 Switch0 将数据包发给了 DNS 服务器 Server0，如图 10-36（a）所示。不断单击"Capture/Forward"按钮，可以看到包含 IP 地址为 192.168.0.3 的数据包被回送到 PC0，如图 10-36（b）和图 10-36（c）所示。

- 继续单击"Capture / Forward"按钮，可以看到 PC0 将目的 IP 地址为 192.168.0.3 的数据包发给了交换机 Switch0，如图 10-36（d）所示。继续单击"Capture / Forward"按钮，可以看到 Switch0 将数据包发给了 Web 服务器 Server1，如图 10-36（e）所示。不断单击"Capture/Forward"按钮，可以看到 Web 服务器 Server1 将访问结果数据包逐级回送到 PC0，如图 10-36（f）～图 10-36（h）所示。

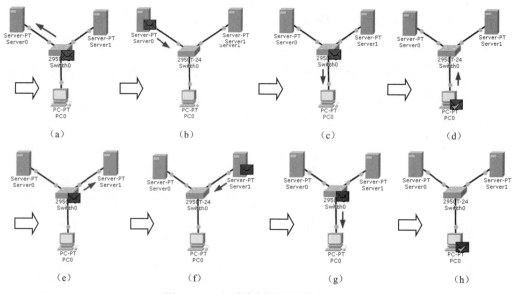

图 10-36 查看域名解析过程（2）

实验 11 使用路由器实现 DHCP 服务

【实验目的与要求】

- 理解 DHCP 服务的配置原理。
- 掌握使用路由器实现 DHCP 服务的方法。

【实验原理】

DHCP 是一个局域网协议，用于集中地管理和分配 IP 地址，使网络环境中的主机可以动态地获得 IP 地址、子网掩码、网关等信息，从而提高地址的使用率。

DHCP 地址池中的地址通过路由器端口分配，该端口的 IP 地址也是 DHCP 协议定义的默认网关。

DHCP 服务的主要配置命令如下。

```
Router(config)#ip dhcp pool [DHCP 地址池名字]    //定义 DHCP 地址池名字
//指定 DHCP 分配的网段和子网掩码
Router(dhcp-config)#network [DHCP 分配的网段] [DHCP 分配的子网掩码]
Router(dhcp-config)#default-router [DHCP 默认网关的 IP 地址]    //指定 DHCP 默认网关的 IP 地址
Router(dhcp-config)#dns-server [DNS 服务器的 IP 地址]    //指定 DNS 服务器的 IP 地址，非必需
//指定 DHCP 不分配的地址范围
Router(config)#ip dhcp excluded-address [DHCP 不分配的起始地址] [DHCP 不分配的结束地址]
//指定 DHCP 不分配的单个地址
Router(config)#ip dhcp excluded-address [DHCP 不分配的单个地址]
```

通常，作为 DHCP 默认网关的 IP 地址需要被指定为不分配的 IP 地址。

【实验过程】

（1）启动 Cisco Packet Tracer，按图 10-37 所示，添加路由器（本例采用 2811）、交换机（本例采用 2960-24TT）和计算机，然后进行各设备之间的连接。

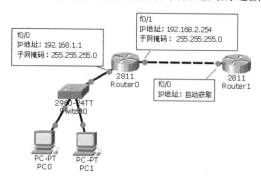

图 10-37　使用路由器实现 DHCP 服务网络拓扑结构

（2）规划各端口的 IP 地址。路由器 Router0 的 f0/0 和 f0/1 端口的 IP 地址及其对应的子网掩码如图 10-37 所示。

f0/0 端口的 IP 地址为 192.168.1.1，因此通过 f0/0 端口分配的 DHCP 网段为 192.168.1.0，DHCP 的默认网关为 192.168.1.1（即 f0/0 端口的 IP 地址）。

f0/1 端口的 IP 地址为 192.168.2.254，因此通过 f0/1 端口分配的 DHCP 网段为 192.168.2.0，DHCP 的默认网关为 192.168.2.254（即 f0/1 端口的 IP 地址）。

（3）配置路由器 Router0 中 192.168.1.0 网段的 DHCP 服务，地址池名称为 d2，不分配的 IP 地址为 192.168.1.1～192.168.1.5、192.168.1.30，d2 通过 f0/0 端口实现 IP 地址自动分配。

```
Router>en
Router#conf t
Router(config)#ip dhcp pool d2
Router(dhcp-config)#network 192.168.1.0 255.255.255.0
Router(dhcp-config)#default-router 192.168.1.1
Router(dhcp-config)#exit
Router(config)#ip dhcp excluded-address 192.168.1.1 192.168.1.5
Router(config)#ip dhcp excluded-address 192.168.1.30
//为 f0/0 端口配置 IP 地址
Router(config)#int f0/0
Router(config-if)#ip add 192.168.1.1 255.255.255.0
Router(config-if)#no shut
Router(config-if)#exit
Router(config)#
```

（4）开启 PC0 和 PC1 的 DHCP 服务。

在"PC0"界面中，选择"Config"选项卡，然后选择①所指的"FastEthernet0"选项，并单击②所指的"DHCP"单选按钮，如果前面的配置正确，则此时 PC0 和 PC1 会从路由器 Router0 的 f0/0 端口中自动获取 IP 地址，PC0 自动获取的 IP 地址为 192.168.1.6，如图 10-38 所示。

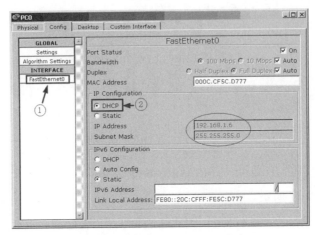

图 10-38　开启 PC0 的 DHCP 服务

开启 PC1 的 DHCP 服务的方法与 PC0 相同。

（5）配置路由器 Router0 中 192.168.2.0 网段的 DHCP 服务，地址池名称为 d3，d3 通过 f0/1 端口实现 IP 地址自动分配。

```
Router(config)#ip dhcp pool d3
Router(dhcp-config)#network 192.168.2.0 255.255.255.0
Router(dhcp-config)#default-router 192.168.2.254
Router(dhcp-config)#exit
Router(config)#
//为 f0/1 端口配置 IP 地址
Router(config)#int f0/1
Router(config-if)#ip add 192.168.2.254 255.255.255.0
Router(config-if)#no shut
Router(config-if)#exit
Router(config)#
```

（6）配置路由器 Router1 的 f0/0 端口自动获取 IP 地址。

```
Router>
Router>en
Router#conf t
Router(config)#int f0/0
Router(config-if)#ip add dhcp
```

```
Router(config-if)#no shut
Router(config-if)#
……
%DHCP-6-ADDRESS_ASSIGN: Interface FastEthernet0/0 assigned DHCP address 192.168.2.1, mask
255.255.255.0, hostname Router1
```

出现上述信息时，说明路由器 Router1 的 f0/0 端口自动获取了 IP 地址 192.168.2.1。

实验 12　使用三层交换机实现 DHCP 服务

【实验目的与要求】

- 理解 DHCP 服务的配置原理。
- 掌握使用三层交换机实现 DHCP 服务的方法。

【实验原理】

使用三层交换机实现 DHCP 服务需要借助 VLAN，VLAN 的虚接口 IP 地址也是 DHCP 定义的默认网关，同时，用于分配 DHCP 地址的端口需划分到该 VLAN 中。

【实验过程】

（1）启动 Cisco Packet Tracer，按图 10-39 所示，添加三层交换机（本例采用 3560-24PS）、二层交换机（本例采用 2950T-24）和计算机，然后进行各设备之间的连接。

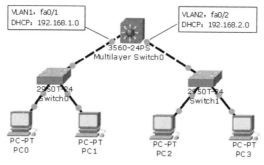

图 10-39　使用三层交换机实现 DHCP 服务网络拓扑结构

（2）规划各端口的 IP 地址。VLAN1 的虚接口 IP 地址为 192.168.1.1，DHCP 分配的网段为 192.168.1.0。VLAN2 的虚接口 IP 地址为 192.168.2.1，DHCP 分配的网段为 192.168.2.0，各 IP 地址对应的子网掩码均为 255.255.255.0。

（3）在三层交换机中配置 192.168.1.0 网段的 DHCP 服务，地址池名称为 v1，网关为 192.168.1.1（即 VLAN1 的虚接口 IP 地址）。

```
Switch>en
Switch#conf t
Switch(config)#ip dhcp pool v1
```

```
Switch(dhcp-config)#network 192.168.1.0 255.255.255.0
Switch(dhcp-config)#default-router 192.168.1.1
Switch(dhcp-config)#exit
Switch(config)#
//设定 VLAN1 的虚接口 IP 地址
Switch(config)#int vlan1
Switch(config-if)#ip add 192.168.1.1 255.255.255.0
Switch(config-if)#no shut
Switch(config-if)#exit
Switch(config)#
```

（4）开启 PC0 和 PC1 的 DHCP 服务。

分别切换到"PC0"和"PC1"界面中的"Config"选项卡，然后选择"FastEthernet0"选项，在右侧的"IP Configuration"选区中单击"DHCP"单选按钮，如果前面的配置正确，则此时 PC0 和 PC1 会从 VLAN1 中自动获取 IP 地址。

（5）在三层交换机中创建 VLAN2，设定 VLAN2 的虚接口 IP 地址，并将该交换机的 f0/2 端口划分到 VLAN2 中。

```
Switch(config)#vlan2
Switch(config-vlan)#exit
Switch(config)#int vlan2
Switch(config-if)#ip add 192.168.2.1 255.255.255.0
Switch(config-if)#no shut
Switch(config-if)#exit
Switch(config)#int f0/2
Switch(config-if)#sw acc vlan2
Switch(config-if)#exit
Switch(config)#
```

（6）在三层交换机中配置 192.168.2.0 网段的 DHCP 服务，地址池名称为 v2，网关为 192.168.2.1（即 VLAN2 的虚接口 IP 地址）。

```
Switch(config)#ip dhcp pool v2
Switch(dhcp-config)#network 192.168.2.0 255.255.255.0
Switch(dhcp-config)#default-router 192.168.2.1
Switch(dhcp-config)#exit
Switch(config)#
```

（7）开启 PC2 和 PC3 的 DHCP 服务。

分别切换到"PC2"和"PC3"界面中的"Config"选项卡，然后选择"FastEthernet0"选项，在右侧的"IP Configuration"选区中单击"DHCP"单选按钮，如果前面的配置正确，则此时 PC2 和 PC3 会从 VLAN2 中自动获取 IP 地址。

（8）开启三层交换机的路由功能，使 VLAN1 和 VLAN2 中的计算机可以相互 ping 通。

上述操作完成后，需要开启三层交换机的路由功能，否则 VLAN1 中的 PC0、PC1 与 VLAN2 中的 PC2、PC3 ping 不通。

```
Switch(config)#ip routing
Switch(config)#
```

开启三层交换机的路由功能后，PC0、PC1 与 PC2、PC3 之间即可相互 ping 通。

实验 13　使用服务器实现 DHCP 服务

【实验目的与要求】

- 理解 DHCP 服务的配置原理。
- 掌握使用服务器实现 DHCP 服务的方法。

【实验原理】

使用服务器实现 DHCP 服务时，可以通过可视化方式配置地址池。

【实验过程】

（1）启动 Cisco Packet Tracer，按图 10-40 所示，添加路由器（本例采用 Router-PT）、交换机（本例采用 2950-24）、服务器（本例采用 Server-PT）和计算机，然后进行各设备之间的连接。

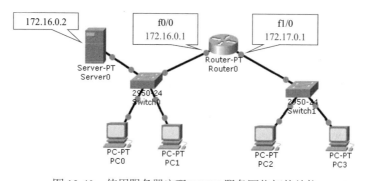

图 10-40　使用服务器实现 DHCP 服务网络拓扑结构

（2）规划各端口的 IP 地址。各端口的 IP 地址如图 10-40 所示，各 IP 地址对应的子网掩码均为 255.255.0.0。

（3）配置路由器 Router0。

```
Router>en
Router#conf t
Router(config)#hostname R0
```

```
R0(config)#int f0/0
R0(config-if)#ip address 172.16.0.1 255.255.0.0
R0(config-if)#no shut
R0(config-if)#exit
R0(config)#int f1/0
R0(config-if)#ip address 172.17.0.1 255.255.0.0
R0(config-if)#no shut
R0(config-if)#end
R0#
```

（4）配置 DHCP 服务器的 IP 地址和网关。

在"Server0"界面中选择"Config"选项卡，配置 IP 地址为"172.16.0.2"，如图 10-41（a）所示（172.16.0.2～172.16.0.254 中的任意一个均可），配置网关为"172.16.0.1"，如图 10-41（b）所示。

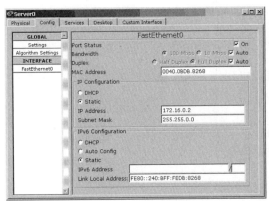 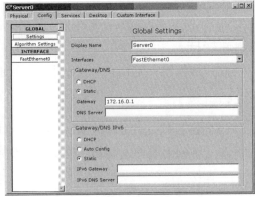

（a）配置 DHCP 服务器的 IP 地址　　　　　　　　　（b）配置 DHCP 服务器的网关

图 10-41　配置 DHCP 服务器的 IP 地址和网关

（5）配置 DHCP 服务器的地址池。

选择"Server0"界面中的"Services"选项卡，添加 172.16.0.0 网段的地址池以及对应的网关、起始 IP 地址和子网掩码，然后单击"Add"按钮，如图 10-42（a）所示。添加 172.17.0.0 网段的地址池以及对应的网关、起始 IP 地址和子网掩码，然后单击"Add"按钮，如图 10-42（b）所示。完成后单击"Save"按钮，最后单击"On"单选按钮，开启 DHCP 服务。

（6）测试 172.16.0.0 网段的计算机是否可以自动获取 DHCP 服务器 Server0 分配的 IP 地址。

以上配置完成后，172.16.0.0 网段的计算机（即与 Switch0 连接的计算机）在开启 DHCP 服务后就可以自动获取 DHCP 服务器 Server0 分配的 IP 地址了。

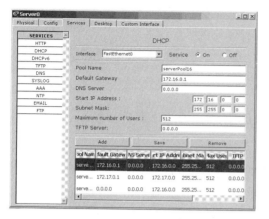

（a）添加 172.16.0.0 网段的地址池

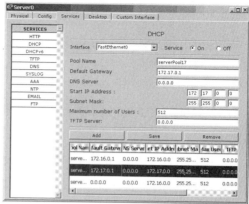

（b）添加 172.17.0.0 网段的地址池

图 10-42　配置 DHCP 服务器的地址池

选择"PC0"界面的"Config"选项卡，然后选择左侧"INTERFACE"下的"FastEthernet0"选项，接着单击右侧"IP Configuration"选区中的"DHCP"单选按钮，DHCP 服务器 Server0即可开始为 PC0 分配 IP 地址，分配完成后，即可看到具体分配的 IP 地址，如图 10-43所示。

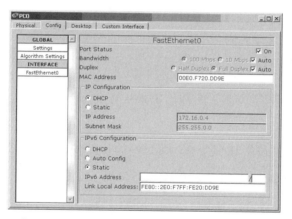

图 10-43　动态 IP 地址分配结果

（7）为 172.17.0.0 网段指定 DHCP 服务器的 IP 地址。

与 Switch1 连接的计算机，即 172.17.0.0 网段的计算机，当前无法通过 DHCP 服务器自动获取分配的 IP 地址，还需要配置路由器 Router0，通过 f1/0 端口为 172.17.0.0 网段指定 DHCP 服务器的 IP 地址。配置完成后，DHCP 服务器才能为 172.17.0.0 网段的计算机自动分配 IP 地址。

进入路由器 Router0 的命令行界面，执行以下命令。

```
R0>en
R0#conf t
```

```
R0(config)#int f1/0
//通过 f1/0 端口为 172.17.0.0 网段指定 DHCP 服务器的 IP 地址
R0(config-if)#ip helper-address 172.16.0.2
R0(config)#end
R0#
```

（8）测试 172.17.0.0 网段的计算机是否可以自动获取 DHCP 服务器 Server0 分配的 IP 地址。

为 172.17.0.0 网段指定 DHCP 服务器的 IP 地址后，该网段的计算机（即与 Switch1 连接的计算机）在开启 DHCP 服务后就可以自动获取 DHCP 服务器 Server0 分配的 IP 地址了。

选择"PC2"界面中的"Config"选项卡，然后选择"FastEthernet0"选项，在右侧的"IP Configuration"选区中单击"DHCP"单选按钮，DHCP 服务器 Server0 即可开始为 PC2 分配 IP 地址，分配完成后，即可看到具体分配的 IP 地址。

实验 14　使用 NAT 实现内网主机访问 Internet

【实验目的与要求】

- 理解使用 NAT 实现内网主机访问 Internet 的原理。
- 掌握使用 NAT 实现内网主机访问 Internet 的配置方法。

【实验原理】

NAT 是用于将内网（局域网）的私有 IP 地址转换为公网 IP 地址，从而实现 Internet 访问的技术。

IPv4 预留了三个网段的 IP 地址作为局域网的私有 IP 地址，如下所示。

- A 类私有 IP 地址：10.0.0.0～10.255.255.255。
- B 类私有 IP 地址：172.16.0.0～172.31.255.255。
- C 类私有 IP 地址：192.168.0.0～192.168.255.255。

这些私有 IP 地址不被 Internet 分配，也不能在 Internet 上路由，因此配置这些私有 IP 地址的主机不能直接访问 Internet，但借助 NAT 技术可以实现这些主机对 Internet 的访问。

NAT 实现地址转换的方式有以下三种。

（1）静态 NAT：内网地址与公网地址一对一映射。

（2）动态 NAT：在 Internet 中定义了一系列公网地址池，与内网地址一对一动态映射。

（3）网络地址端口转换（NAPT）：通过端口复用技术，让多个内网地址映射到一个或少数几个公网地址，以节省公网地址的使用量。

　　由于公网地址紧缺，而局域网主机数量较多，因此一般使用 NAPT 实现局域网多台主机共用一个或少数几个公网地址访问 Internet 的需求。

　　NAT 通过以下步骤完成内网地址到 Internet 地址的地址端口转换。

　　（1）定义转换的内网地址范围，命令如下。

```
access-list [访问控制列表] [permit/deny] [any] [内网地址/网络地址 反掩码]
```

　　访问控制列表（ACL）的主要类型有标准 ACL 和扩展 ACL，标准 ACL 为 1～99 和 1300～1999 范围内的数字，表明该 access-list 语句是一个普通的标准型 IP 地址访问控制列表语句；扩展 ACL 为 100～199 和 2000～2699 范围内的数字。permit 表示允许转换，deny 表示禁止转换，any 表示所有主机。

　　（2）指定路由器端口复用，命令如下。

```
ip nat inside source list [访问控制列表] [实现 NAT 转换的路由器端口号] overload
```

　　例如，以下命令表示在路由器的 f0/1 端口实现 5 号访问控制列表的端口复用。

```
Router (config)#ip nat inside source list 5 int f0/1 overload
```

　　（3）指定路由器的 NAT 转换端口，命令如下。

```
ip nat inside       //指定 NAT 内网转换端口，即配置内网地址的端口
ip nat outside      //指定 NAT Internet 转换端口，即配置 Internet 地址的端口，用于端口复用
```

　　例如，将 f0/0 指定为内网转换端口，命令如下。

```
Router (config)#int f0/0
Router (config-if)#ip nat inside
```

　　再如，将 f0/1 指定为 Internet 转换端口，命令如下。

```
Router (config)#int f0/1
Router (config-if)#ip nat outside
```

　　图 10-44 所示为使用 NAT 实现内网主机访问 Internet 服务器的网络拓扑结构。

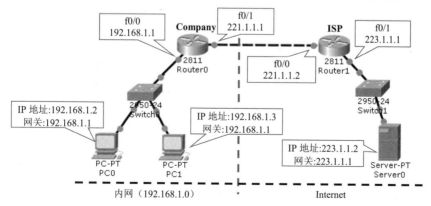

图 10-44　使用 NAT 实现内网主机访问 Internet 服务器的网络拓扑结构

在路由器 Router0 上进行以下配置，实现内网 192.168.1.0 网段的主机访问 Internet。

```
Router#conf t
Router(config)#access-list 1 permit 192.168.1.0 0.0.0.255
Router(config)#ip nat inside source list 1 int f0/1 overload
Router(config)#int f0/0
Router(config-if)#ip nat inside
Router(config-if)#exit
Router(config)#int f0/1
Router(config-if)#ip nat outside
Router(config-if)#end
Router#
```

【实验过程】

（1）启动 Cisco Packet Tracer，按图 10-44 所示，添加路由器（本例采用 2811）、交换机（本例采用 2950-24）、服务器（本例采用 Server-PT）和计算机，然后进行各设备之间的连接。

（2）规划各端口的 IP 地址。各端口的 IP 地址如图 10-44 所示，各 IP 地址对应的子网掩码均为 255.255.255.0。

（3）配置内网路由器 Router0 的端口地址。

```
Router>en
Router#conf t
Router(config)#hostname Company
Company(config)#int f0/0
Company(config-if)#ip address 192.168.1.1 255.255.255.0
Company(config-if)#no shut
Company(config-if)#exit
Company(config)#
Company(config)#int f0/1
Company(config-if)#ip address 221.1.1.1 255.255.255.0
Company(config-if)#no shut
Company(config-if)#exit
Company(config)#
```

（4）配置 Internet 路由器 Router1 的端口地址。

```
Router>en
Router#conf t
Router(config)#hostname ISP
ISP(config)#int f0/0
ISP(config-if)#ip address 221.1.1.2 255.255.255.0
ISP(config-if)#no shut
ISP(config-if)#exit
```

```
ISP(config)#
ISP(config)#int f0/1
ISP(config-if)#ip address 223.1.1.1 255.255.255.0
ISP(config-if)#no shut
ISP(config-if)#exit
ISP(config)#
```

（5）按图 10-44 所示，配置 PC0、PC1 和 Server0 的 IP 地址和网关。

（6）分别单击"Server0"界面的"HTTP"和"HTTPS"选区中的"On"单选按钮，开启 Server0 的 Web 服务，如图 10-45 所示。

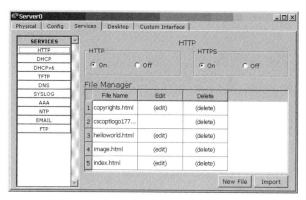

图 10-45　开启 Server0 的 Web 服务

（7）配置内网路由器 Router0 访问 Internet 的默认路由。

```
Company(config)#ip route 0.0.0.0 0.0.0.0 f0/1
Company(config)#end
Company#
```

（8）验证 PC0 是否可以 ping 通 Server0（223.1.1.2）。

```
PC>ping 223.1.1.2
```

此时 ping 不通。路由器 Router0 配置了访问 Internet 的默认路由，但为什么 ping 不通 223.1.1.2 呢？

（9）验证 PC0 是否可以访问 Web 服务器。

在 PC0 的浏览器中输入"http://223.1.1.2"，发现无法访问 Web 服务器，如图 10-46 所示。

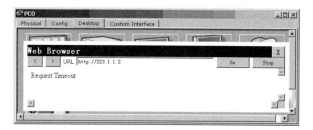

图 10-46　Web 服务器访问失败

（10）配置内网路由器 Router0 的 NAT 转换。

```
Company#conf t
Company(config)#access-list 1 permit 192.168.1.0 0.0.0.255
Company(config)#ip nat inside source list 1 int f0/1 overload
//配置 f0/0 作为内网转换端口
Company(config)#int f0/0
Company(config-if)#ip nat inside
Company(config-if)#exit
//配置 f0/1 作为 Internet 转换端口，即作为端口复用
Company(config)#int f0/1
Company(config-if)#ip nat outside
Company(config-if)#end
Company#
```

（11）继续验证 PC0 是否可以 ping 通 Server0（223.1.1.2），此时应该可以 ping 通。

```
PC>ping 223.1.1.2
```

（12）继续验证 PC0 是否可以访问 Web 服务器。

在 PC0 的浏览器中输入 "http://223.1.1.2"，此时 PC0 可以访问 Web 服务器，如图 10-47 所示，表明内网已经可以访问 Internet。

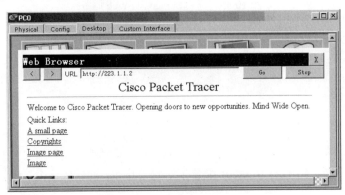

图 10-47　Web 服务器访问成功

（13）在内网路由器中查看 NAT 的转换信息。

先用 PC0 ping Server0（223.1.1.2）。

```
PC>ping 223.1.1.2
```

然后在内网路由器中执行 show ip nat translations 命令查看 NAT 的转换信息，结果如下。

Company#show ip nat translations			
Pro　Inside global	Inside local	Outside local	Outside global
icmp 221.1.1.1:25	192.168.1.2:25	223.1.1.2:25	223.1.1.2:25

icmp 221.1.1.1:26	192.168.1.2:26	223.1.1.2:26	223.1.1.2:26

......

第 1 条信息是 ping 223.1.1.2 的第 1 次执行过程，表明 PC0 在 ping 223.1.1.2 时，利用了 ICMP 协议，用虚接口 25 将源地址 192.168.1.2 的请求通过 221.1.1.1 转换到了目的公网地址 223.1.1.2 中。

接着用 PC1 ping Server0（223.1.1.2），命令如下。

```
PC>ping 223.1.1.2
```

最后查看内网路由器的 NAT 的转换信息，结果如下。

```
Company#show ip nat   translations
```

Pro	Inside global	Inside local	Outside local	Outside global
icmp 221.1.1.1:1		192.168.1.3:1	223.1.1.2:1	223.1.1.2:1

......

（14）查看内网路由器的 NAT 的 debug 信息，在内网路由器中先执行 debug ip nat 命令。

```
Company#debug ip nat
```

然后用 PC0 的浏览器访问 http://223.1.1.2，此时再查看内网路由器的 NAT 调试信息，结果如下。

```
Company#debug ip nat
IP NAT debugging is on
    Company#
    NAT: s=192.168.1.2->221.1.1.1, d=223.1.1.2 [58]
    NAT*: s=223.1.1.2, d=221.1.1.1->192.168.1.2 [40]
    ......
```

第 1 条信息显示 PC0 在访问 http://223.1.1.2 时，将源地址 192.168.1.2 的请求通过 221.1.1.1 转换到了目的公网地址 223.1.1.2 中。第 2 条信息是 Server0 响应给 PC0 的转换信息。

（15）再次查看内网路由器的 NAT 的转换信息。

在内网路由器中继续执行 show ip nat translations 命令，可以得到 NAT 的转换信息。

```
Company#show ip nat translations
```

Pro	Inside global	Inside local	Outside local	Outside global
tcp 221.1.1.1:1027		192.168.1.2:1027	223.1.1.2:80	223.1.1.2:80
tcp 221.1.1.1:1028		192.168.1.2:1028	223.1.1.2:80	223.1.1.2:80

第 1 条信息显示 PC0 访问 http://223.1.1.2 时，利用 TCP 协议，将源地址 192.168.1.2:1027 的请求通过 221.1.1.1:1027 转换到了目的公网地址 223.1.1.2:80 中。

以上过程表明，经过地址端口转换以后，内网主机就可以访问 Internet Web 服务，实现内网对 Internet 的访问，但 Internet 主机无法 ping 通内网主机，例如，Internet 服务器 Server0 ping 不通内网主机 PC0，进入 Server0 的命令行界面，输入 ping 192.168.1.2 命令，结果显示 ping 不通内网主机 PC0。

```
SERVER>ping 192.168.1.2
      Pinging 192.168.1.2 with 32 bytes of data:
      Reply from 223.1.1.1: Destination host unreachable.
      ……
```

实验 15   使用 NAT 实现 Internet 主机访问内网

【实验目的与要求】

- 理解使用 NAT 实现 Internet 主机访问内网的原理。
- 掌握使用 NAT 实现 Internet 主机访问内网的方法。

【实验原理】

使用 NAT 不仅可以实现内网访问 Internet，也可以实现 Internet 访问内网。

利用 NAT 技术定义内网、Internet 地址及端口号对应关系，可以实现 Internet 主机对内网主机的访问，命令如下。

```
ip nat inside source static {tcp|udp} [内网地址 端口号] [Internet 地址 端口号] [permit-inside]
```

其中，tcp、udp 为使用的协议，permit-inside 表示可以同时通过内网地址和 Internet 地址访问内网主机，否则只能通过内网地址访问内网主机。

例如：

```
Router(config)#ip nat inside source static tcp 192.168.10.1 80 200.6.15.1 80
Router(config)#ip nat inside source static tcp 192.168.10.2 80 200.6.15.1 8080
```

上述命令实现了 Internet 主机通过 200.6.15.1:80 访问内网 Web 主机 192.168.10.1:80，通过 200.6.15.1:8080 访问内网 Web 主机 192.168.10.2:80，从 Internet 来看，两台 Web 主机的 IP 地址相同，都是 200.6.15.1。

如果想让内网主机也通过 Internet 地址 200.6.15.1:80 和 200.6.15.1:8080 访问这两台内网 Web 主机，需要加上 permit-inside 关键字。

【实验过程】

（1）启动 Cisco Packet Tracer，按图 10-48 所示，添加路由器（本例采用 2811）、交换机（本例采用 2950-24）、服务器（本例采用 Server-PT）和计算机，然后进行各设备之间的连接。

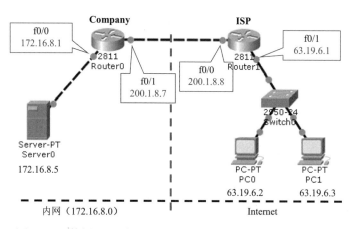

图 10-48　使用 NAT 实现 Internet 主机访问内网的网络拓扑结构

（2）规划各端口的 IP 地址。各端口的 IP 地址如图 10-48 所示，各 IP 地址对应的子网掩码均为 255.255.255.0。

（3）配置 PC0 和 PC1 的 IP 地址和网关。

PC0 的 IP 地址为 63.19.6.2，网关为 63.19.6.1；PC1 的 IP 地址为 63.19.6.3，网关为 63.19.6.1。

（4）配置内网服务器 Server0 的 IP 地址和网关。

IP 地址为 172.16.8.5，网关为 172.16.8.1。

（5）配置内网路由器 Router0 的端口地址。

```
Router>en
Router#conf t
Router(config)#hostname Company
Company(config)#int f0/0
Company(config-if)#ip address 172.16.8.1 255.255.255.0
Company(config-if)#no shut
Company(config-if)#exit
Company(config)#int f0/1
Company(config-if)#ip address 200.1.8.7 255.255.255.0
Company(config-if)#no shut
Company(config-if)#exit
Company(config)#
```

（6）配置 Internet 路由器 Router1 的端口地址。

```
Router>en
Router#conf t
Router(config)#hostname ISP
ISP(config)#int f0/0
```

```
ISP(config-if)#ip address 200.1.8.8 255.255.255.0
ISP(config-if)#no shut
ISP(config-if)#exit
ISP(config)#int f0/1
ISP(config-if)#ip address 63.19.6.1 255.255.255.0
ISP(config-if)#no shut
ISP(config-if)#end
ISP#
```

（7）在内网路由器 Router0 上配置默认路由。

```
Company(config)#ip route 0.0.0.0 0.0.0.0 f0/1
Company(config)#
```

（8）配置内网路由器 Router0 的反向 NAT 映射，使 Internet 访问 200.1.8.7:80 时，NAT 将其转换为对内网 Web 服务器 172.16.8.5:80 的访问。

```
Company(config)#int f0/0
Company(config-if)#ip nat inside
Company(config-if)#int f0/1
Company(config-if)#ip nat outside
Company(config-if)#exit
Company(config)#ip nat inside source static tcp 172.16.8.5 80 200.1.8.7 80
Company(config)#
```

（9）开启内网服务器 Server0 的 Web 服务（默认是开启的），如图 10-49 所示。

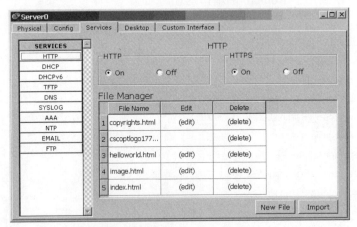

图 10-49　开启内网服务器 Server0 的 Web 服务

（10）验证 Internet 主机 PC0（IP 地址为 63.19.6.2）是否可以访问内网 Web 服务器。

在 PC0 的浏览器中输入"http://200.1.8.7"，发现可以访问 Web 服务器，如图 10-50 所示，这表明 Internet 主机可以访问内网服务器。

图 10-50　访问成功结果

（11）在内网路由器中执行 show ip nat translation 命令查看 NAT 映射关系。

Company#show ip nat translation

Pro	Inside global	Inside local	Outside local	Outside global
tcp	200.1.8.7:80	172.16.8.5:80	---	---
tcp	200.1.8.7:80	172.16.8.5:80	63.19.6.2:1025	63.19.6.2:1025

（12）在内网路由器中查看 NAT 的 debug 信息。

首先在内网路由器中执行以下命令。

Company#debug ip nat

然后用 PC0 的浏览器访问内网 Web 服务器（输入 "http://200.1.8.7"），此时从内网路由器中查看到的 NAT 的 debug 信息如下。

Company#debug ip nat
IP NAT debugging is on
　　NAT: s=63.19.6.2, d=200.1.8.7->172.16.8.5 [7]
　　NAT*: s=172.16.8.5->200.1.8.7, d=63.19.6.2 [10]
　　……

第 1 条信息显示 Internet 主机 PC0（IP 地址为 63.19.6.2）访问 http://200.1.8.7 时，NAT 将 200.1.8.7 的请求转换到了内网服务器 172.16.8.5。

第 2 条信息是内网服务器 172.16.8.5 响应给 PC0 的转换信息。

以上过程表明，Internet 主机经过地址端口转换以后能够访问内网服务器。

实验 16　IPSec VPN 配置

【实验目的与要求】

- 理解 IPSec VPN 的基本原理。
- 掌握 IPSec VPN 的配置方法。

【实验原理】

VPN 是利用加密技术在公网上封装出一个数据通信隧道，实现通过 Internet 访问内网资源的技术。

IPSec 是实现 VPN 的其中一种方式，是用公网来封装和传输三层（网络层）隧道的协议。

IPSec VPN 主要包括以下内容。

（1）认证头：为 IP 数据报提供无连接数据完整性、消息认证以及防重放攻击保护功能。

（2）封装安全负荷：提供机密性、数据源认证、无连接完整性、防重放和有限的传输流机密性功能。

（3）安全关联：提供算法和数据包，以及认证头、封装安全负载操作所需的参数。

IPSec VPN 的传输模式有如下 3 种。

（1）AH 验证参数：ah-md5-hmac（md5 验证）、ah-sha-hmac（sha1 验证）。

（2）ESP 加密参数：esp-des（des 加密）、esp-3des（3des 加密）、esp-null（不加密）。

（3）ESP 验证参数：esp-md5-hmac（md5 验证）、esp-sha-hmac（sha1 验证）。

IKE 定义了通信实体间进行身份认证、协商加密算法以及生成共享的会话密钥的方法。IKE 包含如下 4 种身份认证方式。

（1）基于数字签名：利用数字证书来表示身份，利用数字签名算法计算出一个签名来验证身份。

（2）基于公开密钥：利用对方的公开密钥加密身份，通过检查对方发来的公开密钥的哈希值进行认证。

（3）基于修正的公开密钥：对上述方式进行修正。

（4）基于预共享字符串：双方事先通过某种方式商定好一个共享的字符串。

ISAKMP 是 IKE 的其中一个协议，它定义了协商、建立、修改和删除安全关联的过程和包格式。

图 10-51 模拟了一个公司的网络拓扑结构，公司总部网络和分部网络利用 IPSec VPN 技术通过 Internet 建立连接，实现总部和分部网络的相互访问。

Router0 和 Router2 分别模拟公司分部和总部的边界路由器，Router1 模拟公司分部所在地运营商 ISP1 的边界路由器，Router3 模拟公司总部所在地运营商 ISP2 的边界路由器。

在 Router0 和 Router2 中配置 IPSec VPN，在 Router1 和 Router3 中配置默认路由，配置完成后，分部计算机 PC0 通过 Internet 访问总部服务器 Server0 提供的 Web 服务。

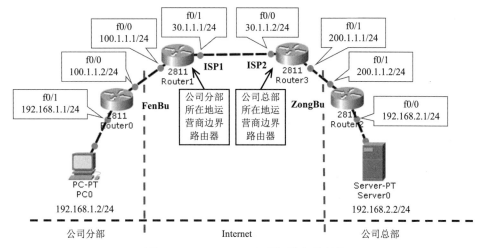

图 10-51　IPSec VPN 配置网络拓扑结构

【实验过程】

（1）启动 Cisco Packet Tracer，按图 10-51 所示，添加路由器（本例采用 2811）、服务器（本例采用 Server-PT）和计算机，然后进行各设备之间的连接。

（2）规划路由器端口的 IP 地址，如图 10-51 所示，各 IP 地址对应的子网掩码均为 255.255.255.0。

（3）配置 PC0 和 Server0 的 IP 地址和网关。

PC0 的 IP 地址为 192.168.1.2，网关为 192.168.1.1。Server0 的 IP 地址为 192.168.2.2，网关为 192.168.2.1。

（4）配置分部路由器 Router0 的端口的 IP 地址。

```
Router>en
Router#conf t
Router(config)#hostname FenBu
FenBu(config)#int f0/1
FenBu(config-if)#ip address 192.168.1.1 255.255.255.0
FenBu(config-if)#no shut
FenBu(config-if)#exit
FenBu(config)#int f0/0
FenBu(config-if)#ip address 100.1.1.2 255.255.255.0
FenBu(config-if)#no shut
FenBu(config-if)#exit
```

（5）配置公司分部所在地运营商 ISP1 的路由器 Router1 的端口的 IP 地址。

```
Router>en
Router#conf t
Router(config)#hostname ISP1
ISP1(config)#int f0/0
ISP1(config-if)#ip address 100.1.1.1 255.255.255.0
ISP1(config-if)#no shut
ISP1(config-if)#exit
ISP1(config)#int f0/1
ISP1(config-if)#ip address 30.1.1.1 255.255.255.0
ISP1(config-if)#no shut
ISP1(config-if)#end
ISP1#
```

（6）配置公司总部所在地运营商 ISP2 的路由器 Router3 的端口的 IP 地址。

```
Router>en
Router#conf t
Router(config)#hostname ISP2
ISP2(config)#int f0/0
ISP2(config-if)#ip address 30.1.1.2 255.255.255.0
ISP2(config-if)#no shut
ISP2(config-if)#exit
ISP2(config)#int f0/1
ISP2(config-if)#ip address 200.1.1.1 255.255.255.0
ISP2(config-if)#no shut
ISP2(config-if)#end
ISP2#
```

（7）配置公司总部路由器 Router2 的端口的 IP 地址。

```
Router>en
Router#conf t
Router(config)#hostname ZongBu
ZongBu(config)#int f0/1
ZongBu(config-if)#ip address 200.1.1.2 255.255.255.0
ZongBu(config-if)#no shut
ZongBu(config-if)#exit
ZongBu(config)#
ZongBu(config)#int f0/0
ZongBu(config-if)#ip address 192.168.2.1 255.255.255.0
ZongBu(config-if)#no shut
ZongBu(config-if)#exit
ZongBu(config)#
```

（8）在公司分部路由器 Router0 中配置 IPSec VPN。

//定义 IKE 协商策略，10 是策略号，可自定义，范围为 1～1000，策略号越小优先级越高

FenBu(config)#crypto isakmp policy **10**

FenBu(config-isakmp)#encryption 3des　　//数据采用 3des 加密

FenBu(config-isakmp)#hash md5　　　//设置哈希加密算法为 md5，默认是 sha

//配置 IKE 的验证方法为 pre-share，即预共享密钥认证方法

FenBu(config-isakmp)#authentication pre-share

//设置共享密钥为 123456，此密钥要与下一步设置的密钥相同，200.1.1.2 是对端的 IP 地址

FenBu(config-isakmp)#crypto isakmp key **123456** address 200.1.1.2

//设置名为 jsnu 的交换集采用的验证和加密算法为 esp-3des esp-md5-hmac

FenBu(config)#crypto ipsec transform-set jsnu esp-3des esp-md5-hmac

//设置加密图名称为 beijing，序号 10 表示优先级，ipsec-isakmp 表示此 IPSec 链接采用 IKE 自动协

//商策略

FenBu(config)#crypto map beijing **10** ipsec-isakmp

FenBu(config-crypto-map)#set peer 200.1.1.2　　//指定此 VPN 链路，即对端的 IP 地址

FenBu(config-crypto-map)#set transform-set jsnu　　//设置 IPSec 传输集的名称为 jsnu

//设置匹配的地址为 101 访问列表，对于 VPN，此数值需在 100～199 之间

FenBu(config-crypto-map)#match address **101**

FenBu(config-crypto-map)#exit

//设置数据加密处理的地址范围

FenBu(config)#access-list **101** permit ip 192.168.1.0 0.0.0.255 192.168.2.0 0.0.0.255

FenBu(config)#int f0/0

FenBu(config-if)#crypto map beijing　　//将加密图 beijing 应用于 f0/0 端口

*Jan　3 07:16:26.785: %CRYPTO-6-ISAKMP_ON_OFF: ISAKMP is ON

FenBu(config-if)#no shut

FenBu(config-if)#exit

FenBu(config)#ip route 0.0.0.0 0.0.0.0 100.1.1.1　　//设置此路由器的默认路由

FenBu(config)#exit

FenBu#

（9）在公司总部路由器 Router2 中配置 IPSec VPN。

//定义 IKE 协商策略，20 是策略号，可自定义，范围为 1～1000，策略号越小优先级越高

ZongBu(config)#crypto isakmp policy **20**

ZongBu(config-isakmp)#encryption 3des　　//数据采用 3des 加密

ZongBu(config-isakmp)#hash md5　　　//设置哈希加密算法为 md5，默认是 sha

//配置 IKE 的验证方法为 pre-share，即预共享密钥认证方法

ZongBu(config-isakmp)#authentication pre-share

//设置共享密钥为 123456，此密钥要与上一步设置的密钥相同，100.1.1.2 是对端的 IP 地址

ZongBu(config-isakmp)#crypto isakmp key **123456** address 100.1.1.2

//设置名为 jsxz 的交换集采用的验证和加密算法为 esp-3des esp-md5-hmac

ZongBu(config)#crypto ipsec transform-set jsxz esp-3des esp-md5-hmac

//设置加密图名称为 shanghai，序号 30 表示优先级，ipsec-isakmp 表示此 IPSec 链接采用 IKE 自动

```
//协商策略
ZongBu(config)#crypto map shanghai 30 ipsec-isakmp
ZongBu(config-crypto-map)#set transform-set jsxz    //设置 IPSec 传输集的名称为 jsxz
ZongBu(config-crypto-map)#set peer 100.1.1.2    //指定此 VPN 链路，即对端的 IP 地址
//设置匹配的地址为 199 访问列表，对于 VPN，此数值需设置在 100～199 之间
ZongBu(config-crypto-map)#match address 199
ZongBu(config-crypto-map)#exit
//设置数据加密处理的地址范围
ZongBu(config)#access-list 199 permit ip 192.168.2.0 0.0.0.255 192.168.1.0 0.0.0.255
ZongBu(config)#int f0/1
ZongBu(config-if)#crypto map shanghai    //将加密图 shanghai 应用于 f0/1 端口
*Jan  3 07:16:26.785: %CRYPTO-6-ISAKMP_ON_OFF: ISAKMP is ON
ZongBu(config-if)#no shut
ZongBu(config-if)#exit
ZongBu(config)#ip route 0.0.0.0 0.0.0.0 200.1.1.1    //设置此路由器的默认路由
ZongBu(config)#exit
ZongBu#
```

（10）配置公司分部所在地运营商 ISP1 的边界路由器 Router1 的默认路由，实现将分部发送的数据包转发至 Router3 的 30.1.1.2 端口。

```
ISP1(config)#ip route 0.0.0.0 0.0.0.0 30.1.1.2
ISP1(config)#
```

（11）配置公司总部所在地运营商 ISP2 的路由器 Router3 的默认路由，实现将总部发送的数据包转发至 Router1 的 30.1.1.1 端口。

```
ISP2 (config)#ip route 0.0.0.0 0.0.0.0 30.1.1.1
ISP2(config)#
```

（12）测试。进入 PC0 的命令行界面，输入"ping 192.168.2.2"，用 PC0 ping Server0，查看是否可以 ping 通，如果可以 ping 通，则说明配置成功，如图 10-52 所示。需要注意的是，在 ping 的过程中，会丢失几个数据包，因为此时在建立 IPSec VPN 的协商。

图 10-52　IPSec VPN 测试

PC0 ping 通 Server0 之后，用 PC0 的浏览器访问 Server0 的 Web 服务（输入 "http://192.168.2.2"），如图 10-53 所示，结果表明分部计算机可以访问总部的 Web 服务。

图 10-53　使用分部计算机访问总部的 Web 服务

如果分部有 Web 服务，则总部的计算机也可以访问分部的 Web 服务。

实验 17　Easy VPN 配置

【实验目的与要求】

- 了解 Easy VPN 的基本原理。
- 掌握 Easy VPN 的配置方法。

【实验原理】

Easy VPN 是运行在 Cisco Packet Tracer 设备之间的 IPSec VPN 解决方案，是 Cisco Packet Tracer 独有的远程接入 VPN 技术。Easy VPN 在 IPSec VPN 建立的两个阶段（IKE 阶段和 IPSEC 阶段）之间建立了一个用户认证阶段。

Easy VPN 为外出和家庭办公提供了便捷的接入方式，只要用户所在地能上 Internet，就可以利用 Easy VPN 访问单位内网资源。

图 10-54 模拟了家庭计算机通过 Easy VPN 访问单位内网的网络拓扑结构，Router0 模拟单位的边界路由器，Router2 模拟家庭上网的路由器（通过 NAT 技术上网），Router1 模拟单位所在地运营商 ISP1 的边界路由器，Router3 模拟家庭所在地运营商 ISP2 的边界路由器，各端口的 IP 地址如图 10-54 所示。配置完成后，家庭计算机 PC0 借助 Easy VPN 通过 Internet 访问单位的服务器 Server0。

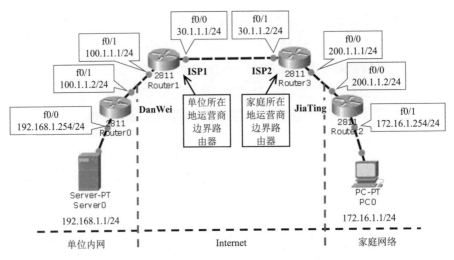

图 10-54 Easy VPN 配置网络拓扑结构

【实验过程】

（1）启动 Cisco Packet Tracer，按图 10-54 所示，添加路由器（本例采用 2811）、服务器（本例采用 Server-PT）和计算机，然后进行各设备之间的连接。

（2）规划路由器各端口的 IP 地址，如图 10-54 所示，各 IP 地址对应的子网掩码均为 255.255.255.0。

（3）配置 PC0 和 Server0 的 IP 地址和网关。

家庭计算机 PC0 的 IP 地址为 172.16.1.1，网关为 172.16.1.254；单位服务器 Server0 的 IP 地址为 192.168.1.1，网关为 192.168.1.254。

（4）配置单位路由器 Router0 的 IP 地址和默认路由。

```
Router>en
Router#conf t
Router(config)#hostname DanWei
DanWei(config)#int f0/0
DanWei(config-if)#ip address 192.168.1.254 255.255.255.0
DanWei(config-if)#no shut
DanWei(config-if)#exit
DanWei(config)#int f0/1
DanWei(config-if)#ip address 100.1.1.2 255.255.255.0
DanWei(config-if)#no shut
DanWei(config-if)#exit
DanWei(config)#ip route 0.0.0.0 0.0.0.0 100.1.1.1
DanWei(config)#
```

（5）配置单位所在地运营商 ISP1 的边界路由器 Router1 的 IP 地址。

```
Router>en
Router#conf t
Router(config)#hostname ISP1
ISP1(config)#int f0/1
ISP1(config-if)#ip address 100.1.1.1 255.255.255.0
ISP1(config-if)#no shut
ISP1(config-if)#exit
ISP1(config)#int f0/0
ISP1(config-if)#ip address 30.1.1.1 255.255.255.0
ISP1(config-if)#no shut
ISP1(config-if)#exit
ISP1(config)#
```

（6）配置家庭所在地运营商 ISP2 的边界路由器 Router3 的 IP 地址。

```
Router>en
Router#conf t
Router(config)#hostname ISP2
ISP2(config)#int f0/1
ISP2(config-if)#ip address 30.1.1.2 255.255.255.0
ISP2(config-if)#no shut
ISP2(config-if)#exit
ISP2(config)#int f0/0
ISP2(config-if)#ip address 200.1.1.1 255.255.255.0
ISP2(config-if)#no shut
ISP2(config-if)#exit
ISP2(config)#
```

（7）配置家庭路由器 Router2 的 IP 地址和默认路由，并配置 NAT。

```
Router>en
Router#conf t
Router(config)#hostname JiaTing
JiaTing(config)#int f0/0
JiaTing(config-if)#ip address 200.1.1.2 255.255.255.0
JiaTing(config-if)#ip nat outside
JiaTing(config-if)#no shut
JiaTing(config-if)#exit
JiaTing(config)#int f0/1
JiaTing(config-if)#ip address 172.16.1.254 255.255.255.0
JiaTing(config-if)#ip nat inside
JiaTing(config-if)#no shut
JiaTing(config-if)#exit
```

```
JiaTing(config)#ip nat inside source list 1 int f0/0 overload
JiaTing(config)#ip route 0.0.0.0 0.0.0.0 200.1.1.1
JiaTing(config)#access-list 1 permit 172.16.1.0 0.0.0.255
JiaTing(config)#
```

（8）在单位路由器 Router0 中配置 Easy VPN。

```
DanWei>en
DanWei#conf t
DanWei(config)#aaa new-model     //开启 AAA 认证
DanWei(config)#aaa authentication login jsAthLgi local     //定义认证名称为 jsAthLgi
DanWei(config)#aaa authorization network jsAthNet local     //定义授权名称为 jsAthNet
DanWei(config)#username jsnu password 666     //创建授权 Easy VPN 的用户名和密码
//定义 IKE 协商策略，10 是策略号，可自定义，范围为 1～1000，策略号越小优先级越高
DanWei(config)#crypto isakmp policy 10
DanWei(config-isakmp)#hash md5     //设置哈希加密算法为 md5
//配置 IKE 的验证方法为 pre-share，即预共享密钥认证方法
DanWei(config-isakmp)#authentication pre-share
//预先统一 DH 算法策略，此处必须为 group 2
DanWei(config-isakmp)#group 2
//定义 Easy VPN 接入后分配的地址池，地址池名称为 ezPool
DanWei(config-isakmp)#ip local pool ezPool 192.168.2.1 192.168.2.10
//定义 Easy VPN 的授权组名为 myEasy
DanWei(config)#crypto isakmp client configuration group myEasy
DanWei(config-isakmp-group)#key 1234     //设置组密码
DanWei(config-isakmp-group)#pool ezPool     //设置授权组使用的地址池名称
//定义交换集名为 beijing，其采用的验证和加密算法为 esp-3des esp-md5-hmac
DanWei(config-isakmp-group)#crypto ipsec transform-set beijing esp-3des esp-md5-hmac
//设置动态加密图，名称为 shanghai，序号 10 表示优先级
DanWei(config)#crypto dynamic-map shanghai 10
DanWei(config-crypto-map)#set transform-set beijing     //设置 IPSec 传输集的名称为 beijing
DanWei(config-crypto-map)#reverse-route     //反向路由注入
//定义加密图 jsxz，使用 jsxz 对前面 AAA 中定义的 jsAthLgi 和 jsAthNet 进行认证和授权
DanWei(config-crypto-map)#crypto map jsxz client authentication list jsAthLgi
DanWei(config)#crypto map jsxz isakmp authorization list jsAthNet
DanWei(config)#crypto map jsxz client configuration address respond
DanWei(config)#crypto map jsxz 10 ipsec-isakmp dynamic shanghai
DanWei(config)#int f0/1
DanWei(config-if)#crypto map jsxz     //将加密图 jsxz 绑定到 f0/1 端口
*Jan   3 07:16:26.785: %CRYPTO-6-ISAKMP_ON_OFF: ISAKMP is ON
DanWei(config-if)#end
DanWei#
```

（9）在单位所在地运营商边界路由器 Router1 中配置默认路由，实现将单位服务器发送的数据包转发至 Router3 的 f0/1 端口，命令如下。

```
ISP1(config)#ip route 0.0.0.0 0.0.0.0 30.1.1.2
ISP1(config)#
```

（10）在家庭所在地运营商边界路由器 Router3 中配置默认路由，实现将家庭计算机发送的数据包转发至 Router1 的 f0/0 端口，命令如下。

```
ISP2(config)#ip route 0.0.0.0 0.0.0.0 30.1.1.1
ISP2(config)#
```

（11）在未使用 Easy VPN 的情况下进行测试。

用 PC0 ping 单位路由器的公网 IP 地址 100.1.1.2，查看是否可以 ping 通。如果配置正确，则 PC0 可以 ping 通 100.1.1.2。用 PC0 ping 单位服务器 Server0 的 IP 地址 192.168.1.1，此时是 ping 不通的，因为还没有使用 Easy VPN。

（12）在使用 Easy VPN 的情况下进行测试。单击图 10-54 中的 PC0 图标，在弹出的界面中选择"Desktop"选项卡，单击该选项卡中的"VPN"图标进入 VPN 配置界面，如图 10-55 所示，输入如下配置信息。

GroupName：myEasy；

Group Key：1234；

Host IP（Server IP）：100.1.1.2；

Username：jsnu；

Password：666。

单击"Connect"按钮开始连接 Easy VPN，如果配置正确，则会提示连接成功，如图 10-56 所示。

图 10-55　输入 Easy VPN 配置信息

图 10-56　Easy VPN 连接成功

如果 Easy VPN 无法连接，则可以在前面配置正确的前提下，先用 PC0 ping 100.1.1.2，然后连接 Easy VPN。因为在建立 IPSec VPN 的协商时，会丢失开始的几个数据包。

Easy VPN 连接成功后会显示下发的 IP 地址，如图 10-57 所示。

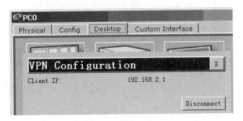

图 10-57　Easy VPN 连接成功后下发的 IP 地址

此时，用 PC0 ping 单位服务器 Server0 的 IP 地址 192.168.1.1，即可 ping 通，结果如下。

```
PC>ping 192.168.1.1
    Pinging 192.168.1.1 with 32 bytes of data:
    Request timed out.
    Reply from 192.168.1.1: bytes=32 time=0ms TTL=127
    ……
```

Easy VPN 连接成功后，进入 PC0 的浏览器，在地址栏中输入 "http://192.168.1.1"，然后按回车键，即可访问单位服务器 Server0，如图 10-58 所示。

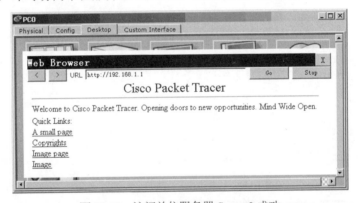

图 10-58　访问单位服务器 Server0 成功

如果单击图 10-57 中的 "Disconnect" 按钮，则可以断开 Easy VPN 连接，Easy VPN连接断开后，PC0 将无法访问单位服务器 Server0，如图 10-59 所示。

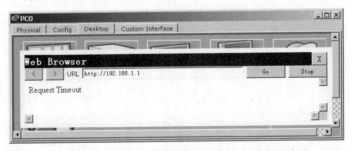

图 10-59　Easy VPN 连接断开后访问单位服务器失败

实验 18　WLAN 组网

【实验目的与要求】

- 掌握 WLAN 组网的原理。
- 掌握 WLAN 组网的配置方法。

【实验原理】

WLAN 是当前广泛使用的以太网组网模式，分为有固定基站的 WLAN 和无固定基站的 WLAN，其中，有固定基站的 WLAN 是最常用的组网模式。

用作固定基站的设备包括无线 AP 和无线路由器，在组网时它们通常通过有线方式接入路由器、三层交换机，也可以接入宽带 Modem（如家庭使用场合）。

出于安全考虑，无线网络通常需要对接入的终端进行认证，只有认证通过的终端才可以通过 DHCP 自动获取 IP 地址。WLAN 常用的认证方式有 WEP、WPA、WPA-PSK、WPA2、WPA2-PSK、WPA3、MAC ACL 和 Web Redirection，无线 AP 和无线路由器可以支持前 6 种认证方式。

【实验过程】

（1）启动 Cisco Packet Tracer，按图 10-60 所示，添加三层交换机（本例采用 3560-24PS）、无线 AP（本例采用 AccessPoint-PT）和计算机。在本例中，将三层交换机的 fa0/1 端口连接至无线 AP，而 PC0 和 PC1 不进行有线连接。

（2）规划各端口的 IP 地址。VLAN1 的虚接口 IP 地址、DHCP 分配的网段如图 10-60 所示。

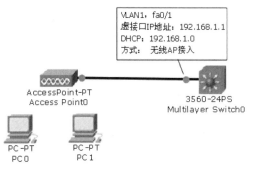

图 10-60　WLAN 组网配置网络拓扑结构（1）

（3）在三层交换机中配置 192.168.1.0 网段的 DHCP 服务。该 DHCP 的地址池名称为 v1，分配的 IP 地址网段为 192.168.1.0，网关为 192.168.1.1，不分配的 IP 地址为 192.168.1.1。

```
Switch>en
Switch#conf t
```

```
Switch(config)#ip dhcp pool v1
Switch(dhcp-config)#network 192.168.1.0 255.255.255.0
Switch(dhcp-config)#default-router 192.168.1.1
Switch(dhcp-config)#exit
Switch(config)#ip dhcp excluded-address 192.168.1.1
Switch(config)#
//设定 VLAN1 的虚接口 IP 地址
Switch(config)#int vlan1
Switch(config-if)#ip add 192.168.1.1 255.255.255.0
Switch(config-if)#no shut
Switch(config-if)#exit
Switch(config)#
```

（4）设置无线 AP。

如图 10-61 所示，在"Access Point0"界面的"Config"选项卡中，选择"Port 1"选项，将"SSID"设置为"MyAP"（其他也可以，方便标识即可），其他设置按默认即可。

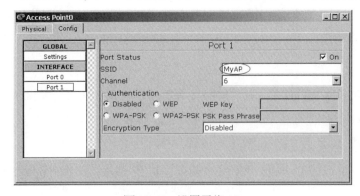

图 10-61　设置无线 AP

（5）为 PC0 和 PC1 安装无线网卡。

Cisco Packet Tracer 中的计算机终端默认安装的是有线网卡，需要将其替换成无线网卡来实现通过无线方式自动获取 IP 地址。无线网卡的安装方法如图 10-62 所示。

① 单击图 10-62①所指的图标，关闭 PC 电源。

② 选择"WMP300N"选项，使该无线网卡出现在图 10-62 中的右下角区域。

③ 将 PC 中的有线网卡拖入图 10-62 中的右下角区域。

④ 将图 10-62 中右下角区域中的无线网卡拖入 PC 中（有线网卡的位置）。

⑤ 再次单击图 10-62⑤所指的图标，开启 PC 电源。

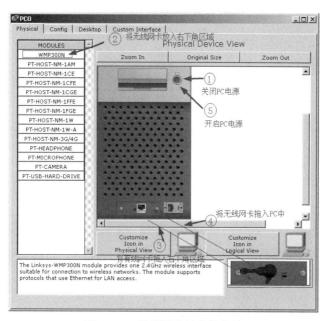

图 10-62　无线网卡的安装方法

（6）PC0 和 PC1 接入无线 AP。

在"PC0"界面的"Desktop"选项卡中单击"PC Wireless"按钮，在弹出的界面中选择"Connect"选项卡，单击"Refresh"按钮刷新，将出现前面配置的 MyAP 无线网络，选择"MyAP"选项后单击"Connect"按钮，PC0 即可连上 MyAP 无线网络，如图 10-63所示。

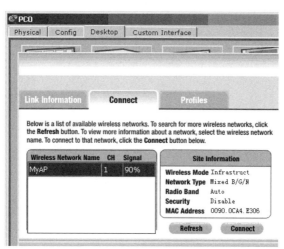

图 10-63　PC0 接入无线 AP

按照同样的操作方法，将 PC1 接入无线 AP。在网络拓扑结构中可以看到连接效果和分配的 IP 地址，如图 10-64 所示。

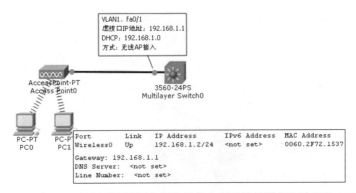

图 10-64　在 WLAN 组网配置网络拓扑结构中查看连接效果和分配的 IP 地址

（7）继续在上述网络中添加一台无线路由器（本例采用 WRT300N）和两台计算机。在本例中，将三层交换机的 fa0/2 端口连接至无线路由器的 Ethernet1 端口，而 PC2 和 PC3 不进行有线连接，如图 10-65 所示。

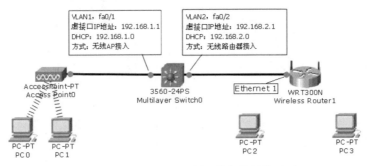

图 10-65　WLAN 组网配置网络拓扑结构（2）

（8）在三层交换机中创建 VLAN2，设定 VLAN2 的虚接口 IP 地址为 192.168.2.1，并将 fa0/2 端口划分到 VLAN2 中。

```
Switch(config)#vlan2
Switch(config-vlan)#exit
Switch(config)#int vlan2
Switch(config-if)#ip add 192.168.2.1 255.255.255.0
Switch(config-if)#no shut
Switch(config-if)#exit
Switch(config)#int fa0/2
Switch(config-if)#sw acc vlan2
Switch(config-if)#exit
Switch(config)#
```

（9）在三层交换机中配置 192.168.2.0 网段的 DHCP 服务。该 DHCP 的地址池名称为 v2，分配的 IP 地址网段为 192.168.2.0，默认网关为 192.168.2.1，不分配的 IP 地址为 192.168.2.1。

```
Switch(config)#ip dhcp pool v2
```

Switch(dhcp-config)#network 192.168.2.0 255.255.255.0
Switch(dhcp-config)#default-router 192.168.2.1
Switch(dhcp-config)#exit
Switch(config)#ip dhcp excluded-address 192.168.2.1
Switch(config)#

（10）配置无线路由器。

在"Wireless Router1"界面的"Config"选项卡中，选择"Wireless"选项，设置该无线路由器的"SSID"为"MyWR"，认证方式选择"WEP"，密码设为"0123456789"，如图 10-66 所示。

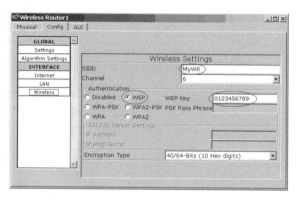

图 10-66　配置无线路由器

在"GUI"选项卡中选择"Setup"选项，然后在"Network Setup"中将"DHCP Server"设置为"Disabled"，关闭 DHCP 服务，最后单击"Save Settings"按钮保存设置，如图 10-67 所示。

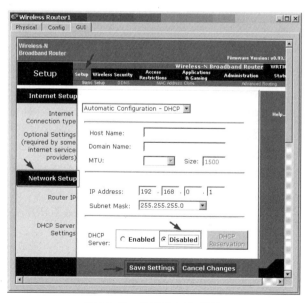

图 10-67　关闭 DHCP 服务

（11）PC2 和 PC3 接入无线路由器 MyWR。

为 PC2 和 PC3 安装无线网卡，然后在"PC2"界面的"Desktop"选项卡中单击"PC Wireless"按钮，在弹出的界面中选择"Connect"选项卡，单击"Refresh"按钮刷新，将出现前面配置的 MyAP 和 MyWR 两个无线网络，如图 10-68 所示。

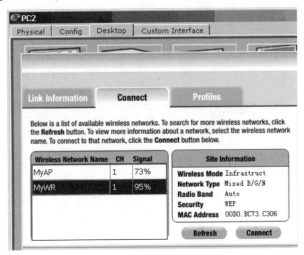

图 10-68　PC2 接入无线路由器 MyWR

选择"MyWR"后单击"Connect"按钮，由于 MyWR 需要密码认证，因此将弹出如图 10-69 所示的密码认证界面，在"WEP Key1"文本框中输入前面设置的 MyWR 连接密码"0123456789"，然后单击"Connect"按钮，PC2 即可连上 MyWR 无线网络。

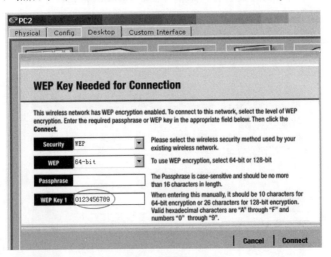

图 10-69　密码认证界面

按照同样的操作方法，将 PC3 接入无线 AP。网络拓扑结构连接效果如图 10-70 所示。

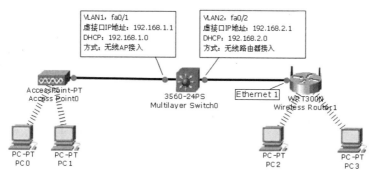

图 10-70　WLAN 组网配置网络拓扑结构连接效果

（12）开启三层交换机的路由功能，使 VLAN1 中的 PC0、PC1 与 VLAN2 中的 PC2、PC3 可以相互 ping 通。

```
Switch(config)#ip routing
Switch(config)#
```

本章小结

本章介绍了 18 个实验，包括制作双绞线、单交换机配置 VLAN、跨交换机配置 VLAN、静态路由配置、RIP 路由协议配置、OSPF 路由协议配置、BGP 路由协议配置、多路由协议配置、不同 VLAN 间的成员通信、DNS 配置、使用路由器实现 DHCP 服务、使用三层交换机实现 DHCP 服务、使用服务器实现 DHCP 服务、使用 NAT 实现内网主机访问 Internet、使用 NAT 实现 Internet 主机访问内网、IPSec VPN 配置、Easy VPN 组网、WLAN 组网，这些实验对于熟练掌握计算机网络知识和技能具有非常重要的作用，读者一定要认真实践，反复摸索。

附录 A

部分习题参考答案

第 1 章 计算机网络概述

1. A 2. C 3. C 4. A

5. 网络节点 通信链路

6. 局域网 城域网 广域网

7. 以太网 令牌环网 FDDI ATM

第 2 章 数据通信基础

1. D 2. B 3. B 4. A 5. B 6. A 7. A 8. B 9. C 10. B

11. B 12. A 13. C

14. 双绞线 同轴电缆 光纤

15. 单工通信 半双工通信 全双工通信

16. 基带传输 频带传输 宽带传输

17. 电路交换 报文交换 分组交换

18. 多模光纤 单模光纤

19. 多模光纤 单模光纤

20. 1010101 1010100

第 3 章 计算机网络体系结构

1. A 2. A 3. B 4. D 5. B 6. A 7. A 8. C 9. C 10. A

11. D 12. D 13. B 14. C 15. A 16. B 17. A 18. B 19. C

20. C 21. A 22. D 23. D 24. A 25. C 26. B 27. C

28. 语法 语义 时序

29．应用层　表示层　会话层　传输层　网络层　数据链路层　物理层

30．应用层　传输层　网络层　链路层

31．8　30

34．解：

思路：请求的数据包在转发过程中，数据包中的源 IP 地址和目的 IP 地址始终不变，源 IP 地址是源主机的 IP 地址，目的 IP 地址是目的主机的 IP 地址；而源 MAC 地址和目的 MAC 地址是不断变化的，源 MAC 地址是当前节点的 MAC 地址，目的 MAC 地址是下一个节点的 MAC 地址。因此可以得出：

数据包 1～数据包 4 的源 IP 地址均为 202.112.41.225，目的 IP 地址均为 60.28.176.170；

数据包 1 的源 MAC 地址为 0007.0e9e.8120，　目的 MAC 地址为 00d0.63c3.3c41；

数据包 2 的源 MAC 地址为 01e0.21a6.20b3，　目的 MAC 地址为 00e0.4c3a.ad33；

数据包 3 的源 MAC 地址为 3a50.05a9.0b02，　目的 MAC 地址为 94e3.bcf1.ab14；

数据包 4 的源 MAC 地址为 21d0.6687.8d00，　目的 MAC 地址为 0380.bcf1.c021。

35．解：

172.15.31.0/24 的子网掩码中有 24 位 1，主机号占 8 位，划分为 4 个子网时，由于 $2^2=4$，因此需要从主机号的 8 位中借 2 位作为子网号，此时 4 个子网对应的子网掩码均为 255.255.255.11000000，转换为点分十进制为 255.255.255.192。

4 个子网分别如下所示。

第 1 个子网：

IP 地址范围为 172.15.31.00000000～00111111，用点分十进制表示为 172.15.31.0～172.15.31.63，网络地址为 172.15.31.0，广播地址为 172.15.31.63，可供分配的 IP 地址范围为 172.15.31.1～172.15.31.62。

第 2 个子网：

IP 地址范围为 172.15.31.01000000～01111111，用点分十进制表示为 172.15.31.64～172.15.31.127，网络地址为 172.15.31.64，广播地址为 172.15.31.127，可供分配的 IP 地址范围为 172.15.31.65～172.15.31.126。

第 3 个子网：

IP 地址范围为 172.15.31.10000000～10111111，用点分十进制表示为 172.15.31.128～172.15.31.191，网络地址为 172.15.31.127，广播地址为 172.15.31.191，可供分配的 IP 地址范围为 172.15.31.129～172.15.31.190。

第 4 个子网：

IP 地址范围为 172.15.31.11000000～11111111，用点分十进制表示为 172.15.31.192～172.15.31.255，网络地址为 172.15.31.192，广播地址为 172.15.31.255，可供分配的 IP 地址范围为 172.15.31.193～172.15.31.254。

36．解：

（1）计算 8 个子网的子网掩码、网络地址、广播地址、可供分配的 IP 地址范围。

10.16.14.0/24 的子网掩码中有 24 位 1，主机号为 8 位，划分为 8 个子网时，由于 $2^3=8$，因此需要从主机号的 8 位中借 3 位作为子网号，此时 8 个子网对应的子网掩码均为 255.255.255.$\boxed{111}$00000，方框中的 3 位即为从主机号的 8 位中借的 3 位，作为子网号。转换为十进制，即 8 个子网对应的子网掩码为 255.255.255.224。

8 个子网分别如下所示。

第 1 个子网：

IP 地址范围为 10.16.14.$\boxed{000}$00000～$\boxed{000}$11111，用点分十进制表示为 10.16.14.0～10.16.14.31，共 32 个地址，最小地址 10.16.14.0 为此子网的网络地址，最大地址 10.16.14.31 为此子网的广播地址，可供分配的 IP 地址范围为 10.16.14.1～10.16.14.30，共 30 个。

此子网可表示为 10.16.14.0/27。

第 2 个子网：

IP 地址范围为 10.16.14.$\boxed{001}$00000～$\boxed{001}$11111，用点分十进制表示为 10.16.14.32～10.16.14.63，共 32 个地址，最小地址 10.16.14.32 为此子网的网络地址，最大地址 10.16.14.63 为此子网的广播地址，可供分配的 IP 地址范围为 10.16.14.33～10.16.14.62，共 30 个。

此子网可表示为 10.16.14.32/27。

第 3 个子网：

IP 地址范围为 10.16.14.$\boxed{010}$00000～$\boxed{010}$11111，用点分十进制表示为 10.16.14.64～10.16.14.95，共 32 个地址，最小地址 10.16.14.64 为此子网的网络地址，最大地址 10.16.14.95 为此子网的广播地址，可供分配的 IP 地址范围为 10.16.14.65～10.16.14.94，共 30 个。

此子网可表示为 10.16.14.64/27。

第 4 个子网：

IP 地址范围为 10.16.14.$\boxed{011}$00000～$\boxed{011}$11111，用点分十进制表示为 10.16.14.96～10.16.14.127，共 32 个地址，最小地址 10.16.14.96 为此子网的网络地址，最大地址 10.16.14.127 为此子网的广播地址，可供分配的 IP 地址范围为 10.16.14.97～10.16.14.126，共 30 个。

此子网可表示为 10.16.14.96/27。

第 5 个子网：

IP 地址范围为 10.16.14.⎡100⎤00000～⎡100⎤11111，用点分十进制表示为 10.16.14.128～10.16.14.159，共 32 个地址，最小地址 10.16.14.128 为此子网的网络地址，最大地址 10.16.14.159 为此子网的广播地址,可供分配的 IP 地址范围为 10.16.14.129～10.16.14.158，共 30 个。

此子网可表示为 10.16.14.128/27。

第 6 个子网：

IP 地址范围为 10.16.14.⎡101⎤00000～⎡101⎤11111，用点分十进制表示为 10.16.14.160～10.16.14.191，共 32 个地址，最小地址 10.16.14.160 为此子网的网络地址，最大地址 10.16.14.191 为此子网的广播地址,可供分配的 IP 地址范围为 10.16.14.161～10.16.14.190，共 30 个。

此子网可表示为 10.16.14.160/27。

第 7 个子网：

IP 地址范围为 10.16.14.⎡110⎤00000～⎡110⎤11111，用点分十进制表示为 10.16.14.192～10.16.14.223，共 32 个地址，最小地址 10.16.14.192 为此子网的网络地址，最大地址 10.16.14.223 为此子网的广播地址,可供分配的 IP 地址范围为 10.16.14.193～10.16.14.222，共 30 个。

此子网可表示为 10.16.14.192/27。

第 8 个子网：

IP 地址范围为 10.16.14.⎡111⎤00000～⎡111⎤11111，用点分十进制表示为 10.16.14.224～10.16.14.255，共 32 个地址，最小地址 10.16.14.224 为此子网的网络地址，最大地址 10.16.14.255 为此子网的广播地址,可供分配的 IP 地址范围为 10.16.14.225～10.16.14.254，共 30 个。

此子网可表示为 10.16.14.224/27。

（2）将第 1 个子网 10.16.14.0/27 再划分 2 个子网，由于 $2^1=2$，因此需要从该子网的 5 位主机号中再借 1 位作为子网号，此时划分后的两个子网掩码均为 255.255.255.⎡1111⎤0000，转换为点分十进制为 255.255.255.240。

第 1 个子网：

IP 地址范围为 10.16.14.⎡0000⎤0000～⎡0000⎤1111，用点分十进制表示为 10.16.14.0～10.16.14.15,共 16 个地址,最小地址 10.16.14.0 为此子网的网络地址，最大地址 10.16.14.15

为此子网的广播地址，可供分配的 IP 地址范围为 10.16.14.1～10.16.14.14，共 14 个。

此子网可表示为 10.16.14.0/28。

第 2 个子网：

IP 地址范围为 10.16.14.｜0001｜0000～｜0001｜1111，用点分十进制表示为 10.16.14.16～10.16.14.31，共 16 个地址，最小地址 10.16.14.16 为此子网的网络地址，最大地址 10.16.14.31 为此子网的广播地址，可供分配的 IP 地址范围为 10.16.14.17～10.16.14.30，共 14 个。

此子网可表示为 10.16.14.16/28。

第 4 章　网络传输设备

1．A　2．A　3．B　4．A　5．B　6．A　7．A　8．B　9．C　10．C
11．D　12．B　13．C

第 5 章　交换和路由技术

1．B　2．A　3．B　4．C　5．D

6．传输介质　网络拓扑结构　媒体访问控制方法

7．基于端口的 VLAN　基于 MAC 地址的 VLAN　基于 IP 地址的 VLAN　基于组播的 VLAN

10．解：

（1）用 C 类地址规划并给出路由器 RA 和 RB 各端口的 IP 地址。

路由器 RA：

g0/0 端口的 IP 地址为 192.168.1.1；

g0/1 端口的 IP 地址为 192.168.2.1。

路由器 RB：

g0/1 端口的 IP 地址为 192.168.2.2；

g0/0 端口的 IP 地址为 192.168.3.1。

（2）给出路由器 RA 和 RB 各端口的 IP 地址的配置命令。

配置路由器 RA 的 g0/0 端口的 IP 地址。

```
enable
configure terminal
interface g0/0
ip address 192.168.1.1   255.255.255.0
```

```
no shutdown
exit
```

配置路由器 RA 的 g0/1 端口的 IP 地址。

```
interface g0/1
ip address 192.168.2.1    255.255.255.0
no shutdown
exit
```

配置路由器 RB 的 g0/1 端口的 IP 地址。

```
interface g0/1
ip address 192.168.2.2    255.255.255.0
no shutdown
exit
```

配置路由器 RB 的 g0/0 端口的 IP 地址。

```
interface g0/0
ip address 192.168.3.1    255.255.255.0
no shutdown
exit
```

（3）给出路由器 RA 和 RB 的静态路由协议配置命令。

配置路由器 RA 的静态路由协议，代码如下。

```
ip route 192.168.3.0    255.255.255.0    192.168.2.2
```

或者：

```
ip route 192.168.3.0    255.255.255.0    g0/1
```

配置路由器 RB 的静态路由协议，代码如下。

```
ip route 192.168.1.0    255.255.255.0    192.168.2.1
```

或者：

```
ip route 192.168.1.0    255.255.255.0    g0/1
```

（4）给出 PC0 和 PC2 的静态 IP 地址和网关。

PC0 的静态 IP 地址为 192.168.1.2。

PC0 的网关为 192.168.1.1。

PC2 的静态 IP 地址为 192.168.3.2。

PC2 的网关为 192.168.3.1。

（5）给出 PC0 ping PC2 的命令。

```
ping 192.168.3.2
```

11．解：

（1）给出路由器 R2 端口 f0/0、f0/1 和路由器 R1 端口 f0/0 的 IP 地址的配置命令。

配置路由器 R2 的端口 f0/1 的 IP 地址。

```
enable
configure terminal
interface f0/1
ip address 218.26.175.1    255.255.255.128
no shutdown
exit
```

配置路由器 R2 的端口 f0/0 的 IP 地址。

```
interface f0/0
ip address 218.26.131.2    255.255.255.252
no shutdown
exit
```

配置路由器 R1 的端口 f0/0 的 IP 地址。

```
interface f0/0
ip address 218.26.131.1    255.255.255.252
no shutdown
exit
```

（2）给出路由器 R2 的默认路由协议的配置命令。

```
ip route    0.0.0.0    0.0.0.0    218.26.131.1
```

或者：

```
ip route    0.0.0.0    0.0.0.0    f0/0
```

（3）给出路由器 R1 的静态路由协议的配置命令。

```
ip route 218.26.175.0    255.255.255.128    218.26.131.2
```

或者：

```
ip route 218.26.175.0    255.255.255.128    f0/0
```

（4）给出 PC0 的静态 IP 地址和网关。

PC0 的静态 IP 地址为 218.26.175.3。

PC0 的网关为 218.26.175.1。

（5）给出 PC0 ping 搜狐网的命令。

```
ping www.sohu.com
```

12．解：

在交换机 Switch0 上创建 VLAN2。

```
Switch>en
Switch#conf t
Switch(config)#vlan2
Switch(config-vlan)#end
Switch#
```

将交换机 Switch0 的 f0/1 端口划分到 VLAN2 中。

```
Switch(config)#int f0/1
Switch(config-if)#switchport access vlan2
Switch(config-if)#end
Switch#
```

将交换机 Switch0 的 f0/3 端口配置成 Trunk 端口。

```
Switch(config)#int f0/3
Switch(config-if)#switchport mode trunk
```

在交换机 Switch1 上创建 VLAN2。

```
Switch>en
Switch#conf t
Switch(config)#vlan2
Switch(config-vlan)#end
Switch#
```

将交换机 Switch1 的 f0/2 端口划分到 VLAN2 中。

```
Switch(config)#int f0/2
Switch(config-if)#switchport access vlan2
Switch(config-if)#end
Switch#
```

13．解:

（1）给出设置路由器 Router0 的 g0/0 端口的 IP 地址的命令。

```
Router>en
Router#conf t
Router(config)#int g0/0
Router(config-if)#ip address 192.168.1.1 255.255.255.0
Router(config-if)#no shut
Router(config-if)#exit
Router(config)#
```

（2）给出设置路由器 Router0 的 g0/1 端口的 IP 地址的命令。

```
Router(config)#int g0/1
Router(config-if)#ip address 192.168.2.1 255.255.255.0
Router(config-if)#no shut
Router(config-if)#exit
Router(config)#
```

（3）给出设置路由器 Router0 的 RIP 路由协议的命令。

```
Router(config)#router rip
Router(config)#version 2
Router(config-router)#network 192.168.1.0
Router(config-router)#network 192.168.2.0
Router(config-router)#end
Router#
```

（4）给出设置路由器 Router1 的 f0/0 端口的 IP 地址的命令。

```
Router>en
Router#conf t
Router(config)#int f0/0
Router(config-if)#ip address 192.168.2.2 255.255.255.0
Router(config-if)#no shut
Router(config-if)#exit
Router(config)#
```

（5）给出设置路由器 Router1 的 f1/0 端口的 IP 地址的命令。

```
Router(config)#int f1/0
Router(config-if)#ip address 192.168.3.1 255.255.255.0
Router(config-if)#no shut
Router(config-if)#exit
Router(config)#
```

（6）给出设置路由器 Router1 的 RIP 路由协议的命令。

```
Router(config)#router rip
Router(config)#version 2
Router(config-router)#network 192.168.2.0
Router(config-router)#network 192.168.3.0
Router(config-router)#end
Router#
```

14．解：

（1）给出路由器 Router0 的 g0/0 端口的 IP 地址的配置命令。

```
Router>en
Router#conf t
Router(config)#int g0/0
Router(config-if)#ip address 192.168.1.1 255.255.255.0
Router(config-if)#no shut
Router(config-if)#exit
Router(config)#
```

（2）给出路由器 Router0 的 OSPF 路由协议的配置命令。

```
Router(config)#router ospf 1
Router(config-router)#network 192.168.1.0 0.0.0.255 area 0
Router(config-router)#network 192.168.2.0 0.0.0.255 area 0
Router(config-router)#end
Router#
```

（3）给出路由器 Router1 的 f0/0 端口的 IP 地址的配置命令。

```
Router>en
Router#conf t
Router(config)#int f0/0
Router(config-if)#ip address 192.168.2.2 255.255.255.0
Router(config-if)#no shut
Router(config-if)#exit
Router(config)#
```

（4）给出路由器 Router1 的 OSPF 路由协议的配置命令。

```
Router(config)#router ospf 1
Router(config-router)#network 192.168.2.0 0.0.0.255 area 0
Router(config-router)#network 192.168.3.0 0.0.0.255 area 0
Router(config-router)#end
Router#
```

（5）给出 PC0 的网关。

PC0 的网关为 192.168.1.1。

（6）给出 PC1 的网关。

PC1 的网关为 192.168.3.1。

（7）给出 PC0 ping PC1 的命令。

```
ping 192.168.3.2
```

15．解：

（1）给出路由器 Router0 的 g0/0 端口的 IP 地址的配置命令。

```
Router>en
Router#conf t
Router(config)#int g0/0
Router(config-if)#ip add 10.0.0.1 255.0.0.0
Router(config-if)#no shut
Router(config-if)#
```

（2）给出路由器 Router0 的 BGP 路由协议的配置命令。

```
Router>en
Router#conf t
```

```
Router(config)#router bgp 100
Router(config-router)#neighbor 10.0.0.2 remote-as 200
Router(config-router)#network 10.0.0.0 mask 255.0.0.0
Router(config-router)#
```

（3）给出路由器 Router1 的 BGP 路由协议的配置命令。

```
Router>en
Router#conf t
Router(config)#router bgp 200
Router(config-router)#neighbor 10.0.0.1 remote-as 100
Router(config-router)#neighbor 20.0.0.1 remote-as 300
Router(config-router)#
```

（4）给出路由器 Router2 的 BGP 路由协议的配置命令。

```
Router>en
Router#conf t
Router(config)#router bgp 300
Router(config-router)#neighbor 20.0.0.2 remote-as 200
Router(config-router)#network 20.0.0.0 mask 255.0.0.0
Router(config-router)#
```

第 6 章　网络服务

1．C　2．B　3．D　4．B　5．B

6．53　TCP　UDP

7．静态 NAT　动态 NAT　网络地址端口转换

10．解：

```
Router>en
Router#conf t
Router(config)#ip dhcp pool d2
Router(dhcp-config)#network 192.168.1.0 255.255.255.0
Router(dhcp-config)#default-router 192.168.1.254
Router(dhcp-config)#exit
Router(config)#ip dhcp excluded-address 192.168.1.254
```

第 7 章　无线局域网

1．B　2．C　3．D

4．无线 AP　无线路由器

5．有固定基站的 WLAN　无固定基站的 WLAN

第 8 章 IPv6 技术

1．D 2．D 3．A

4．单播地址 组播地址 任播地址

5．双协议栈技术 隧道技术 网络地址转换技术

6．第（1）～（5）题正确，第（6）题错误

第 9 章 网络安全

1．过滤型防火墙 应用代理防火墙 复合型防火墙

2．桥模式 网关模式 NAT 模式

7．解：

```
Router(config)#access-list 101 deny tcp 172.16.5.0 0.0.0.255 host 192.168.1.1 eq telnet
Router(config)#access-list 101 permit ip any any
Router(config)#int g0/0
Router(config-if)#ip access-group 101 in
```

8．解：

```
Router(config)#access-list 1 deny host 10.0.0.1
Router(config)#access-list 1 permit any
Router(config)#access-list 2 permit any
Router(config)#int g0/0
Router(config-if)#ip access-group 1 in
Router(config-if)#ip access-group 2 out
```